高等职业教育机电类专业新形态教材

UG NX 11.0 高级应用项目式教程

主　编　赵　慧
副主编　孙　帅　王　坤　翟　上
参　编　王东坤　张　健　王　建　江红丽
　　　　李　琦　张亚超　温　磊　丁海洋
主　审　张　泉

机械工业出版社

本书是由沈阳职业技术学院与沈阳机床集团进行校企合作联合开发的项目式教材，内容为国家教育部首批现代学徒制班机械 CAD/CAM 课程教学内容，主要包括实际机械产品项目案例和相关知识链接两大部分。其中，项目案例内容学时为 80 学时。项目案例包括典型机械产品、金砖国家技能发展与技术创新大赛样题、企业产品实战，均为完整的机械产品实例，体现了教学和企业实际生产的紧密结合。

本书介绍了 UG NX 11.0 的产品三维建模、零件图输出、组件装配、数控加工仿真 4 个模块的使用方法和技巧。本书为了弥补项目式教程无法系统化逐一介绍基础知识点的不足，在每个项目的开端增加了技能储备小节，主要以微课视频形式呈现。方便读者查询和自学。

本书配有辽宁省职业教育精品在线课开放课程《计算机辅助设计与制造 UG》，课程编号为 LNVECC0109，登录网址 https：//courses.lnve.net 注册后可进行学习。本书还配有零件源文件、微课视频和电子课件等方便读者使用，凡使用本书作为教材的教师登录机械工业出版社教育服务网 www.cmpedu.com 注册后可免费下载，咨询电话：010-88379375。

本书可作为高职高专、五年制高职、技师学院等相关职业院校机械制造及自动化、机电一体化技术、数控技术等专业的教学用书，也可作为从事机械设计与加工制造的工程技术人员的参考及培训用书。

图书在版编目（CIP）数据

UG NX 11.0 高级应用项目式教程 / 赵慧主编 . —北京：机械工业出版社，2022.12（2025.2 重印）
高等职业教育机电类专业新形态教材
ISBN 978-7-111-71916-8

Ⅰ . ① U… Ⅱ . ①赵… Ⅲ . ①计算机辅助设计 – 应用软件 – 高等职业教育 – 教材 Ⅳ . ① TP391.72

中国版本图书馆 CIP 数据核字（2022）第 201208 号

机械工业出版社（北京市百万庄大街 22 号　邮政编码 100037）
策划编辑：王　丹　　　　　责任编辑：王英杰
责任校对：樊钟英　刘雅娜　封面设计：王　旭
责任印制：常天培
北京机工印刷厂有限公司印刷
2025 年 2 月第 1 版第 3 次印刷
184mm×260mm · 15.75 印张 · 387 千字
标准书号：ISBN 978-7-111-71916-8
定价：49.80 元

电话服务	网络服务
客服电话：010-88361066	机　工　官　网：www.cmpbook.com
010-88379833	机　工　官　博：weibo.com/cmp1952
010-68326294	金　书　网：www.golden-book.com
封底无防伪标均为盗版	机工教育服务网：www.cmpedu.com

前　言

产教融合是高等职业教育的显著特点和优势，以企业岗位群需求为基础的项目式教材在学校教学、企业员工技术提升等领域发挥了重要作用。本书是由沈阳职业技术学院与沈阳机床集团进行校企合作联合开发的项目式教材，其内容为国家教育部首批现代学徒制班机械CAD/CAM课程教学内容。

本书基于UG NX 11.0设计了3个项目，配有对应的微课视频，扫描书中的二维码即可观看。同时，结合本书内容基于"智慧树"平台开发了在线开发课程，含视频教学资源，方便读者在线巩固和自学。本书特色是在每个项目的开端增加了技能储备部分，并附有基础知识微课视频。书中所有项目案例均为完整的机械产品实例，体现了教学和企业实际生产的紧密结合；具体内容包括典型机械产品、金砖国家技能发展与技术创新大赛样题、企业产品实战。本书介绍了UG NX 11.0的产品三维建模、零件图输出、组件装配、数控加工仿真4个模块的使用方法和技巧。

本书的配套资源包括智慧树在线开放课程、微课视频、电子课件、零件源文件等。

本书采用校企合作方式进行编写，赵慧担任主编，孙帅、王坤、翟上担任副主编，王东坤、张健、王建、江红丽、李琦、张亚超、温磊、丁海洋参加了编写，张泉担任主审。赵慧负责对全书统稿、在线开放课程设计制作，并编写项目一、项目二；翟上、王建、李琦、江红丽编写各项目中的技能储备部分。孙帅、王坤、王东坤、张健、张亚超、温磊、丁海洋编写项目三。本书在编写以及在线开放课程开发过程中得到了沈阳机床集团、上海卓越睿新数码科技有限公司相关技术人员的大力支持和帮助，在此表示感谢。

限于作者水平，书中难免存在不足之处，恳请读者批评指正。编者团队期待与各位读者沟通交流，共同进步。

编　者

二维码索引

名　称	二维码	页　码	名　称	二维码	页　码
视频 1-01		13	视频 1-09		19
视频 1-02		13	视频 1-10		20
视频 1-03		13	视频 1-11		21
视频 1-04		15	视频 1-12		25
视频 1-05		16	视频 1-13		27
视频 1-06		17	视频 1-14		35
视频 1-07		18	视频 1-15		42
视频 1-08		18	视频 1-16		50

二维码索引

（续）

名　称	二维码	页码	名　称	二维码	页码
视频 1-17		59	视频 1-25		119
视频 1-18		67	视频 1-26		119
视频 1-19		74	视频 1-27		120
视频 1-20		81	视频 1-28		120
视频 1-21		99	视频 1-29		121
视频 1-22		109	视频 1-30		121
视频 1-23		118	视频 2-01		123
视频 1-24		118	视频 2-02		123

（续）

名　称	二维码	页码	名　称	二维码	页码
视频 2-03		124	视频 2-11		131
视频 2-04		124	视频 2-12		133
视频 2-05		125	视频 2-13		139
视频 2-06		125	视频 2-14		141
视频 2-07		128	视频 2-15		143
视频 2-08		128	视频 2-16		167
视频 2-09		129	视频 2-17		177
视频 2-10		129	视频 2-18		194

二维码索引 VII

（续）

名　称	二维码	页　码	名　称	二维码	页　码
视频 2-19		194	视频 2-24		196
视频 2-20		194	视频 3-01		197
视频 2-21		195	视频 3-02		209
视频 2-22		195	视频 3-03		221
视频 2-23		196			

目　录

前言
二维码索引

项目一　机用虎钳综合项目 ·· 1

学习目标 ·· 1
项目描述 ·· 1
技能储备 ·· 1
项目实施 ··· 25
任务一　机用虎钳主要零件三维建模 ······························ 25
任务二　机用虎钳装配 ··· 59
任务三　机用虎钳主要零件零件图输出 ··························· 80
项目一　相关图样和课后习题 ····································· 117

项目二　凸轮分度机构综合项目 ·· 122

学习目标 ·· 122
项目描述 ·· 122
技能储备 ·· 122
项目实施 ·· 132
任务一　凸轮分度机构主要零件三维建模 ······················· 132
任务二　凸轮分度机构主要零件数控加工仿真 ·················· 143
项目二　相关图样和课后习题 ····································· 193

项目三　企业产品实战 ··· 197

学习目标 ·· 197
项目描述 ·· 197
项目实施 ·· 197
任务一　可乐瓶底凹模加工 ······································· 197
任务二　金元宝加工 ··· 209

任务三　叶轮加工 ·· 221

附录 ··· 234

附录 A　UG NX 11.0 平面铣数控加工方法中英文对照及作用 ······························ 234
附录 B　UG NX 11.0 轮廓铣（MILL_CONTOUR）数控加工方法
　　　　中英文对照及作用 ·· 236

参考文献 ··· 241

项目一

机用虎钳综合项目

学习目标

1）根据机用虎钳的装配图和零件图完成所有非标准零件的三维建模，从而提升使用 UG NX 11.0 软件的基础建模能力和读图、识图能力。

2）利用 UG NX 11.0 软件的装配模块，完成机用虎钳的组件装配。学习 UG NX 11.0 软件装配模块的使用方法，同时提升根据装配图完成机械产品装配建模和装配展示的能力。

3）利用 UG NX 11.0 软件制图模块完成零件图输出，掌握利用软件进行视图创建、尺寸标注和几何公差标注等方法。

项目描述

机用虎钳也称平口虎钳，是一种配合机床加工时用于夹紧工件的常用机床附件，在中型铣床、钻床、磨床上使用广泛。本项目基于机用虎钳的设计开发，内容包括零件建模、组件装配和零件图输出三项任务。零件建模任务中重点介绍 UG NX 11.0 软件基础设计特征中的拉伸、旋转、扫掠等工具的使用方法；组件装配任务中重点介绍 UG NX 11.0 软件装配模块的使用方法和技巧；零件图输出任务中重点介绍视图的创建和标注方法。通过项目实施，将完成固定钳身、活动钳身等 9 个零件的三维建模、组件装配和零件图输出，得到一套完整的技术资料。其中简单零件的零件图在习题部分给出，读者可以根据在线课程自主学习。

技能储备

任务描述：介绍 UG 软件的基本操作，软件界面功能以及本项目中涉及命令的使用方法。

任务要求：

1）掌握启动软件和打开、新建以及保存文件的方法。
2）掌握草图绘制工具的使用方法。
3）完成包括圆柱组合体共 8 个建模任务，掌握圆柱、长方体、拉伸等设计特征的使用方法。
4）学习制图模块的操作方法，掌握创建视图的基本方法。

一、文件的打开与保存

1. 打开文件

双击图标 打开软件，选择菜单栏中"文件"→"打开"（快捷键为 <Ctrl+O>）命令，弹出"打开"对话框，如图 1-1 所示。选择"项目一机用虎钳 \ 技能储备 \1. 小爱音箱 \ 小爱音箱爆炸图.prt"文件,单击"OK"按钮。

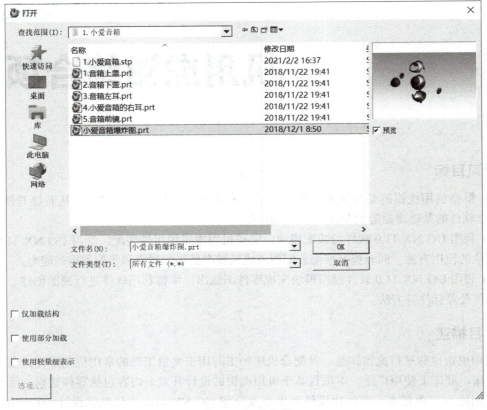

图1-1 打开文件

2. 保存文件

在菜单栏中选择"文件"→"保存"(快捷键为<Ctrl+S>)→"另存为"(快捷键为<Ctrl+A>)命令,即可用其他名称保存此工作部件,如图1-2所示。在弹出的"另存为"对话框中的"保存在(I)"选项中,选择"小爱音箱"工作目录(工作目录用来放置文件的文件夹),将"文件名(N)"更改为"小爱音箱装配爆炸图.prt",设置"保存类型(T)"为"部件文件(*.prt)",如图1-3所示,单击"OK"按钮。

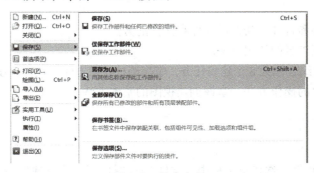

图1-2 保存文件

项目一　机用虎钳综合项目

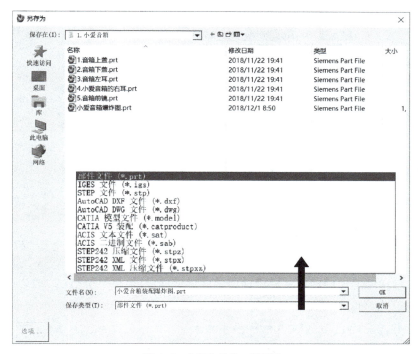

图1-3　"另存为"对话框

🖋 **提示**：保存类型有5种，分别为：

（1）"保存（S）"　保存工作部件和任何已修改的组件。

（2）"仅保存工作部件（W）"　仅保存工作部件。

（3）"另存为（A）"　用其他名称、其他存储路径或文件类型保存此工作部件。使用"另存为（A）"命令可以更改"保存类型（T）"，是一个重要的应用，它可以解决不同软件之间，不同UG版本之间的兼容问题。但是，更改保存类型会导致文件在UG软件建模环境中的建模特征、部分建模参数等丢失，甚至会由于算法的不同而导致模型变形。文件常用的保存类型及其作用如下：

• PRT文件（*.prt）是UG软件专用的格式。

• STEP文件（*.stp）是通用格式，打开是实体文件。

• IGES文件（*.igs）是通用格式，打开是片体文件。

（4）"全部保存（V）"　保存所有已修改的工作部件和所有顶层装配部件。

（5）"保存书签（B）"　在书签文件中保存装配关联关系，包括组件可见性加载选项和组件组。

🔔 **注意**：除了保存文件功能之外，UG软件还提供文件导出功能，选择"文件"→"导出"命令，显示"导出"下拉菜单，如图1-4所示。导出的作用是提供更多的"保存类型"，例如：STL文件（*.stl）用于导出3D打印软件通用文件。保存、导出零件模型文件的操作方法在后面的案例中将不再介绍，需要读者养成在建模过程中随时保存文件的习惯，以免文件丢失。

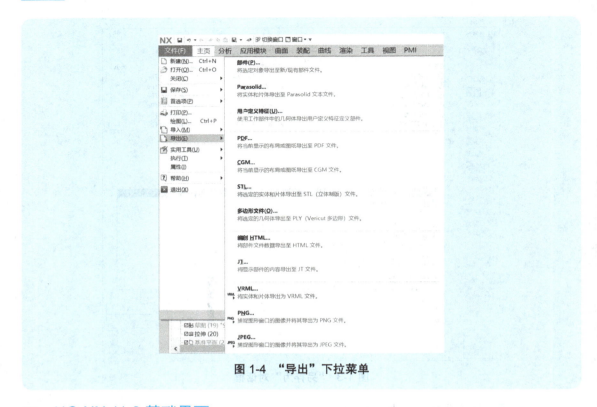

图 1-4 "导出"下拉菜单

二、UG NX 11.0 基础界面

1. 基础工作界面

UG NX 11.0 的基础工作界面采用功能分区的界面样式，包括标题栏、菜单栏、工具栏、资源条选项卡、视图窗口和消息提示区 6 个部分，如图 1-5 所示。

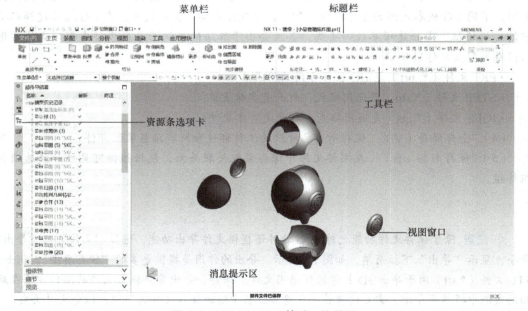

图 1-5 UG NX 11.0 基础工作界面

（1）标题栏　显示软件的版本、软件的工作环境和视图窗口正在显示的文件名称。

（2）菜单栏　菜单栏中包括若干选项卡，每个选项卡整合了若干工具命令，选择的选项卡不同则功能不同，显示的工具命令也不同。

（3）工具栏　工具栏用来整合、显示工具命令，除了选项卡不同，显示的工具命令不同外，工作环境（也称应用模块）不同，工具栏中的工具命令也不同，但各个工作环境的"主页"选项卡中整合了大部分工具命令。根据工作需要，用户也可以定制个性化工具栏，其方法是在工具栏的空白处单击鼠标右键，选择"定制"，弹出"定制"对话框，如图1-6所示。可以对"选项卡/条""命令""快捷方式""图标/工具提示"进行个性化设置。

图1-6　"定制"对话框

提示： UG提供的查找命令的方法有4种：

1）所有的命令都可以通过单击"菜单"→"插入"按钮，在下拉菜单中找到。

2）常用工具命令可以在工具栏中直接找到。在菜单栏中选择不同的功能选项卡，则显示的工具命令不同。另外，软件针对不同的用户角色设置会显示不同的工具栏。

3）在工具栏中的"更多"下拉菜单中找到。

4）通过"查找命令"功能找出所需要的命令。

2. 资源条选项卡

资源条选项卡包括"装配导航器""约束导航器""部件导航器""重用库""HD3D工具""Web浏览器""历史记录""角色"等11个选项卡。其中"装配导航器""约束导航器""部件导航器"三大导航器选项卡的应用最为频繁，下面进行重点介绍。

三大导航器在管理、修改和编辑模型文件过程中具有重要作用。"部件导航器"如图 1-7a 所示，用来记录模型的建模过程，"部件导航器"中的每一个节点代表使用一个命令完成的一步操作。"装配导航器"如图 1-7b 所示，用来记录装配的过程，"装配导航器"中的每一个节点代表装配的一个部件。"约束导航器"如图 1-7c 所示，用来记录装配过程设置的装配约束，"约束导航器"中的每一个节点代表使用的一种装配类型。

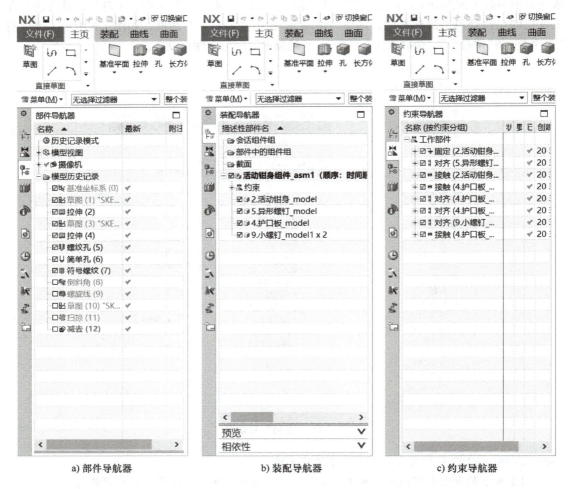

a) 部件导航器　　　　　b) 装配导航器　　　　　c) 约束导航器

图 1-7　"部件导航器""装配导航器"和"约束导航器"

三大导航器的使用方法类似，在其中任意节点上单击鼠标右键将显示可以对这步操作进行的编辑、修改和管理等命令。其中最常用的是"编辑参数"命令，下面以异形螺母的模型文件为例，介绍"编辑参数"命令的设置方法。

打开"项目一机用虎钳\技能储备\2.异形螺母_model.prt"文件。如图 1-8 所示，在"部件导航器"中的"拉伸（4）"节点上单击鼠标右键，显示快捷菜单，在快捷菜单中选择"编辑参数"命令，显示"拉伸"对话框，同时使异形螺母零件进入该拉伸参数可编辑状态，将"限制"选项组中的"距离"改为"15"，单击"确定"按钮，可以看到异形螺母上方的圆柱拉伸高度随之改为"15"。

项目一　机用虎钳综合项目

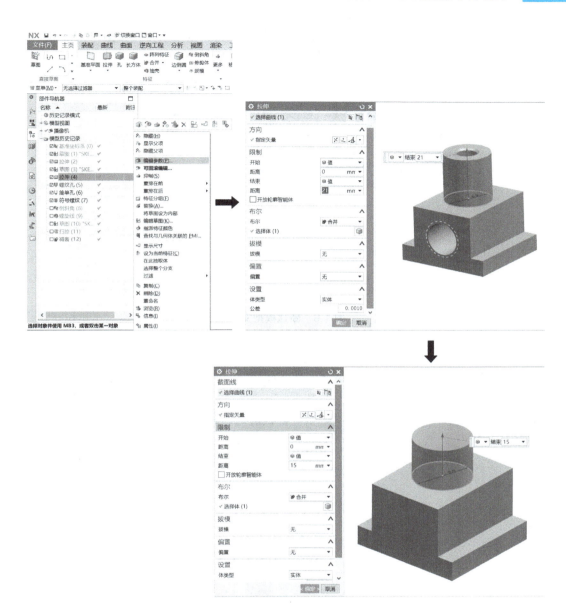

图 1-8　使用部件导航器编辑拉伸距离

三、新建文件

选择菜单栏中"文件（F）"→"新建（N）"（快捷键为 <Ctrl+N>）命令，弹出"新建"对话框，如图 1-9 所示。选择"模型"模板，输入文件"名称"为"钳口_model1.prt"。在给文件命名时不要删除默认的名称后缀和扩展名，这样方便查找。"_model 1.prt"中的"model"代表文件为模型，"1"代表这个文件存储的第 1 版，".prt"为扩展名，代表文件为三维模型。选择机用虎钳所有零件所在的文件夹作为工作目录用来存放文件，单击"确定"按钮，进入建模环境，如图 1-10 所示。

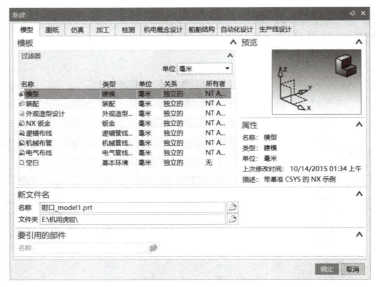

图 1-9　新建模型文件

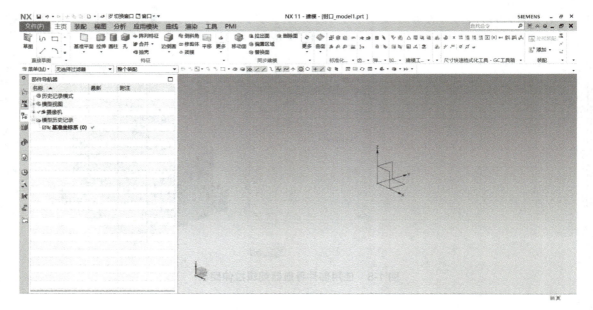

图 1-10　UG NX 11.0 建模环境

> 🔔 **注意**：在此后的任务中，将不再介绍新建文件的方法，仅给出新建文件名称，项目一统一的工作目录名称为"机用虎钳"，用户可以在自己的计算机上创建"机用虎钳"文件夹作为工作目录。

四、常用快捷键和鼠标操作

UG 是鼠标和键盘同时操作的软件，通过快捷键可以快速调用命令，记住常用的快捷键会大大提高软件的操作速度，表 1-1 列举出了软件的常用快捷键，通过鼠标左键、右键以及滚轮可以实现的功能见表 1-2。

表 1-1　UG 软件常用快捷键

序号	功能分类	功能描述	快捷键
1	文件操作	新建文件	<Ctrl+N>
2		打开文件	<Ctrl+O>
3		保存文件	<Ctrl+S>
4		另存文件	<Ctrl+Shift+A>
5	视图显示	全屏缩放	<Ctrl+F>
6		图形按基本投影方位显示	<F8>
7	文件编辑	撤销上一级命令	<Ctrl+Z>
8		删除	<Ctrl+D>
9	对象显示	对象显示属性	<Ctrl+J>
10		对象显示	<Ctrl+B>
11		对象反显示	<Ctrl+Shift+B>
12		对象全部显示	<Ctrl+Shift+U>
13		显示和隐藏	<Ctrl+W>
14	坐标系	坐标系定向	<Alt+7>
15		回到绝对坐标系	O
16		显示或隐藏 WCS 坐标系	W
17	层	层的设置	<Ctrl+L>
18		层的移动	<Ctrl+Shift+L>
19	应用模块切换	进入建模应用模块	<Ctrl+M>
20		进入制图应用模块	<Ctrl+Shift+D>
21		进入加工应用模块	<Ctrl+Alt+M>

表 1-2　UG 鼠标操作及功能描述

序号	鼠标操作	功能描述
1	滚动鼠标滚轮	放大和缩小视图
2	按住滚轮并拖动鼠标	旋转视图
3	Shift+ 按住滚轮并拖动鼠标 或同时按住滚轮 + 右键并拖动鼠标	平移视图
4	单击鼠标右键	显示可用功能

五、草图工具

草图工具是 UG 特征建模的基础，草图工具的特点是：可以基于基准平面、实体平面和路径来创建草图。

1. 草图工具

草图工具的常用命令分为绘图命令和几何约束命令两大类型，如图 1-11 所示。

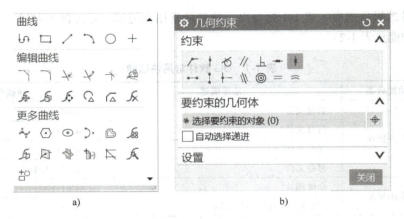

图 1-11 绘图工具

常用绘图命令和几何约束命令的图标及其功能见表 1-3 和表 1-4。

表 1-3 常用绘图命令图标及其功能

序号	类别	工具命令名称	工具命令图标	快捷键	功能描述
1	曲线	轮廓		Z	以线串模式创建一系列连接的直线或圆弧，即上一条曲线的终点为下一条曲线的起点
2		矩形		R	用三种方法中的一种创建矩形
3		直线		L	用约束自动判断创建直线
4		圆弧		A	通过三点或通过指定其中心和端点创建圆弧
5		圆		O	通过三点或通过指定其中心和直径创建圆
6		点		无	创建草图点
7	编辑曲线	倒斜角		无	对两条草图直线之间的尖角进行倒斜角
8		圆角		F	在两条或三条曲线之间创建圆角
9		快速修剪		T	沿任一方向将曲线修剪至最近的交点或选定的边界
10		快速延伸		E	将曲线延伸至另一邻近曲线或选定的边界
11		制作拐角		无	延伸或修剪两条曲线，以制作拐角
12		修剪配方曲线		无	相关地修剪配方(投影/相交)曲线到选定的边界
13		移动曲线		无	移动一组曲线并调整相邻曲线以适应
14		偏置移动曲线		无	按指定的偏置距离移动一组曲线，并调整相邻曲线以适应
15		缩放曲线		无	缩放一组曲线并调整相邻曲线以适应
16		调整曲线尺寸		无	通过更改半径或直径调整一组曲线的尺寸，并调整相邻曲线以适应
17		调整倒斜角曲线尺寸		无	通过更改偏置，调整一个或多个同步倒斜角的尺寸
18		删除曲线		无	删除一组曲线并调整相邻曲线以适应

项目一 机用虎钳综合项目

（续）

序号	类别	工具命令名称	工具命令图标	快捷键	功能描述
19	更多曲线	艺术样条		S	通过拖动定义点或极点并在定义点指派斜率或曲率约束，动态创建和编辑样条
20		多边形		P	创建具有指定边数的多边形
21		椭圆		无	根据中心点和尺寸创建椭圆
22		二次曲线		无	创建通过指定点的二次曲线
23		偏置曲线		无	偏置位于草图平面上的曲线链
24		阵列曲线		无	阵列位于草图平面上的曲线链
25		镜像曲线		无	创建位于草图平面上的曲线链的镜像图形
26		交点		无	在曲线和草图平面之间创建一个交点
27		相交曲线		无	在面和草图平面之间创建相交曲线
28		投影曲线		无	沿草图平面的法向将曲线、边或点（草图外部）投影到草图上
29		派生直线		无	在两条平行直线中间创建一条与另一直线平行的直线，或在两条不平行直线之间创建一条平分线
30		优化2D曲线		无	优化2D线框几何体
31		添加现有曲线		无	将现有的共面曲线和点添加到草图中

表1-4 常用几何约束命令图标及其功能

序号	约束命令名称	约束命令符号	功能描述	示意图
1	重合		约束两个或多个选定的顶点或点，使之重合	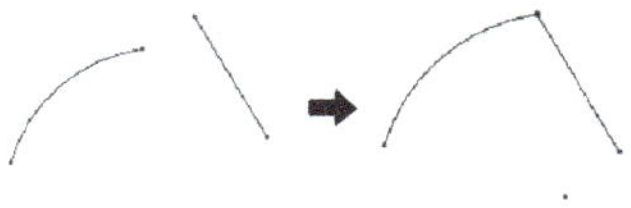
2	点在曲线上		约束一个选定的顶点或点，使之位于一条曲线上	
3	相切		约束两条选定的曲线，使之相切	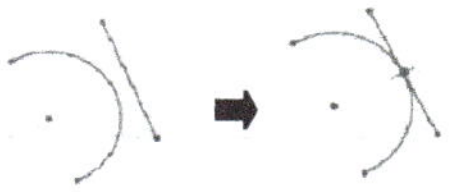
4	平行	//	约束两条或多条选定的曲线，使之平行	

（续）

序号	约束命令名称	约束命令符号	功能描述	示意图
5	垂直	⊥	约束两条选定的曲线，使之垂直	
6	水平	—	约束一条或多条选定的曲线，使之水平	
7	竖直	│	约束一条或多条选定的曲线，使之竖直	
8	水平对齐	·--·	约束两个或多个选定的顶点或点，使之水平对齐	
9	竖直对齐	⋮	约束两个或多个选定的顶点或点，使之竖直对齐	
10	中点	├	约束一个选定的顶点或点，使之与一条线或圆弧的中点对齐	
11	共线	∖∖	约束两条或多条选定的直线，使之共线	
12	同心	◎	约束两条或多条选定的曲线，使之同心	
13	等长	=	约束两条或多条选定的直线，使之等长	
14	等半径	≂	约束两个或多个选定的圆弧，使之半径相等	

2. 草图案例 1——燕尾槽草图

利用"矩形""轮廓""镜像曲线""快速修剪"等命令绘制图 1-12 所示的草图。重点学习利用"快速尺寸""几何约束"命令对图形进行定形、定位的方法，具体操作过程可扫描二维码观看视频 1-01。

项目一　机用虎钳综合项目

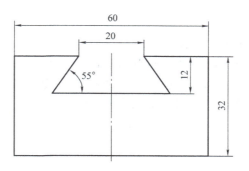

视频 1-01

图 1-12　燕尾槽草图

3. 草图案例 2——圆弧连接草图

利用"圆""圆弧""直线"等命令绘制图 1-13 所示的草图，重点学习自动捕捉几何约束和添加几何约束的方法，具体操作过程可扫描二维码观看视频 1-02。

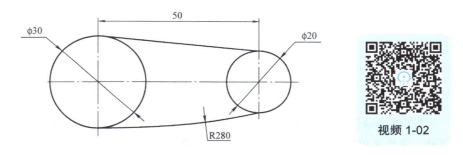

视频 1-02

图 1-13　圆弧连接草图

4. 草图案例 3——花形垫圈草图

利用"圆""圆弧""椭圆"和"多边形"等命令绘制图 1-14 所示的花形垫圈草图，重点学习"转换为参考""阵列曲线命令"的使用方法，具体操作过程可扫描二维码观看视频 1-03。

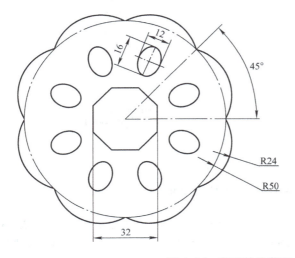

技术要求
R24花瓣圆弧均布8个，椭圆孔与R24圆弧同心，垫圈壁厚2。

视频 1-03

图 1-14　花形垫圈草图

六、圆柱

UG 基础设计特征命令包括"圆柱""长方体""球""槽""螺纹""筋板"等。这些命令也被视为基本体素特征，其特点是不需要通过草图或曲线作为参考就可以创建出实体模型。当选择菜单栏中"主页"→"更多"命令时，显示其下菜单，如图 1-15 所示。可以看到软件将这些基础的"设计特征"命令整合到一起，方便用户查找。

图 1-15 "更多"下拉菜单

"圆柱"命令是创建圆柱体，圆柱的"类型"有"轴、直径和高度"和"圆弧和高度"两种。选择菜单栏中"主页"→"更多"命令，显示其下拉菜单，选择"圆柱"命令，弹出"圆柱"对话框。"圆柱"对话框中各选项的作用如图 1-16 所示。

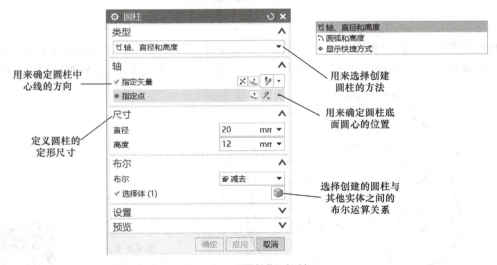

图 1-16 "圆柱"对话框

图 1-17 所示为圆柱组合体零件图。圆柱组合体零件包括尺寸为 $\phi 100mm \times 12mm$ 的底座、$\phi 60mm \times 62mm$ 的立柱、$\phi 40mm \times 62mm$ 的通孔和底座上均布 4 个圆心在底座外圆弧象限点上的 $R10mm$ 圆弧槽。其具体建模操作过程可扫描二维码观看视频 1-04。

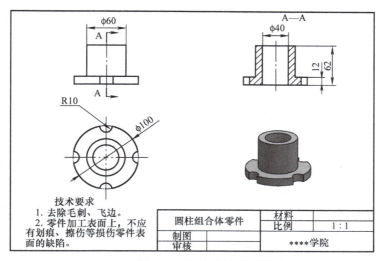

图 1-17 圆柱组合体零件图

七、长方体

"长方体"命令是创建长方体,"长方体"的"类型"有"原点和边长""两点和高度"和"两个对角点"三种。选择"主页"→"更多"→"长方体"命令,弹出"长方体"对话框,对话框中各选项的作用如图 1-18 所示。

图 1-18 "长方体"对话框

图 1-19 所示为长方体和圆柱的组合体零件图。其结构包括尺寸为 100mm × 80mm × 14mm 的底座、底座下方两个 10mm × 80mm × 6mm 长方体支撑、上方 100mm × 60mm × 50mm 的长方体以及 R30mm × 60mm 的半圆槽。具体建模操作过程可扫描二维码观看视频 1-05。

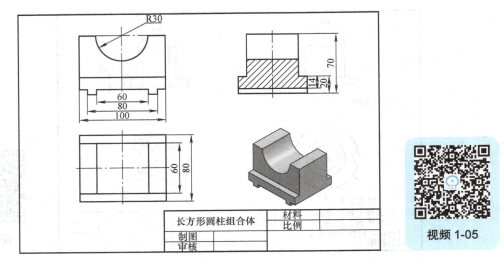

图 1-19　长方体和圆柱的组合体零件图

八、圆锥

"圆锥"命令是创建圆锥。"圆锥"的"类型"有"直径和高度""直径和半角""底部直径，高度和半角""顶部直径，高度和半角"和"两个共轴的圆弧"五种。选择"主页"→"更多"→"圆锥"命令，弹出"圆锥"对话框。"圆锥"对话框中各选项的作用如图 1-20 所示。

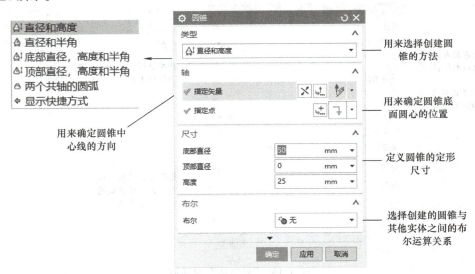

图 1-20　"圆锥"对话框

如图 1-21 所示的是圆锥和圆柱的组合体零件图。从左到右的结构依次包括尺寸为 $\phi 50\text{mm} \times 6\text{mm}$ 的圆柱，底部直径 $\phi 54\text{mm}$、顶部直径 $\phi 80\text{mm}$、高度 174mm 的圆锥柄，$\phi 80\text{mm} \times 10\text{mm}$ 的圆柱，$\phi 100\text{mm} \times 35\text{mm}$ 的圆柱，底部直径 $\phi 100\text{mm}$、圆锥半角为 30° 的圆

锥。具体建模操作过程可扫描二维码观看视频 1-06。

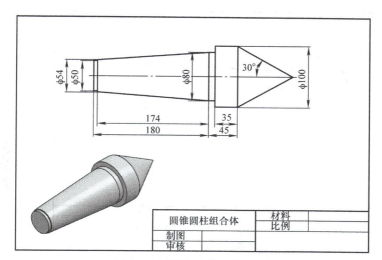

视频 1-06

图 1-21 圆锥和圆柱组合体零件图

九、球

"球"命令是创建球。"球"的"类型"有"⊕中心点和直径"和"○圆弧"两种。选择"主页"→"更多" →"球" 命令,弹出"球"对话框,对话框中各选项的作用如图 1-22 所示。

图 1-22 "球"对话框

图 1-23 所示为球和圆锥的组合体零件图。其结构包括中间底部直径为 $\phi30mm$、高度为 100mm、角度为 6° 的圆锥体,左侧为 SR20mm 的球,右侧为 SR15mm 的球。具体建模操作过程可扫描二维码观看视频 1-07。

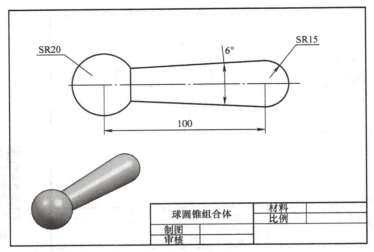

图 1-23 球和圆锥的组合体零件图

十、槽

"槽"命令是通过定义槽的位置和尺寸来创建槽。"槽"的"类型"有"矩形""球形端槽"和"U 形槽"三种。选择"主页"→"更多" → "槽" 命令,弹出"槽"对话框,如图 1-24 所示。

图 1-25 所示为轴零件图。其结构包括尺寸为 ϕ20mm×100mm 的轴主体,右侧 R2mm 的球形端槽,中间宽度为 8mm、圆角半径为 1mm、深度为 2mm 的 U 形槽。具体建模操作过程可扫描二维码观看视频 1-08。

图 1-24 "槽"对话框

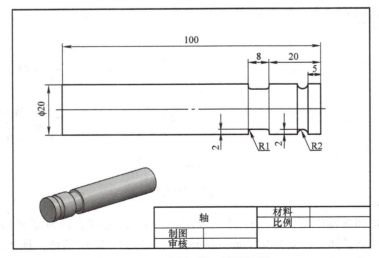

图 1-25 轴零件图

十一、筋板

UG 提供了"筋板"和"三角加强筋"两种创建筋板的命令。其中"筋板"命令又可以创建"垂直于剖切平面"和"平行于剖切平面"的两种筋板。选择"主页"→"更多"→"筋板"命令,弹出"筋板"对话框,对话框中各选项的作用如图 1-26 所示。

图 1-26 "筋板"对话框

图 1-27 所示为盖零件图。其结构为圆柱组合体构成的盖主体,左侧结构是高度为 10mm、角度为 30°的加劲板,右侧结构是角度为 30°、高度为 6mm、圆角半径为 2mm 的三角加强筋;盖内部的结构是垂直于剖切平面的加劲板,具体建模操作过程可扫描二维码观看视频 1-09。

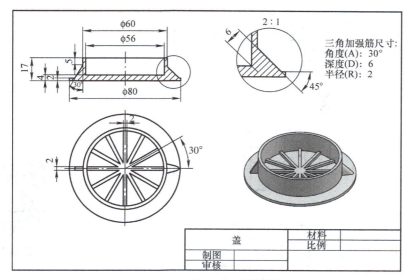

视频 1-09

图 1-27 盖零件图

十二、拉伸

"拉伸"命令是将草图、曲线或实体棱边沿矢量拉伸而创建三维模型。选择"插入"→"设计特征"→"拉伸"命令,弹出"拉伸"对话框,对话框中各选项的作用如图 1-28 所示。

图 1-28 "拉伸"对话框

图 1-29 所示为支架的零件图。其结构包括 L 形主体,厚度为 15mm 的孔板,高度为 30mm、角度为 50° 的筋板,半径为 15mm 的圆角和两个直径为 15mm 的孔。具体建模操作过程可扫描二维码观看视频 1-10。

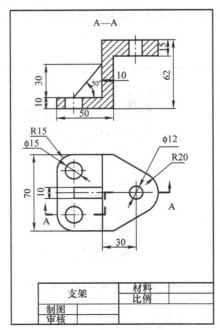

图 1-29 支架零件图

视频 1-10

十三、旋转

"旋转"命令是将草图、曲线或棱边绕轴旋转来创建特征。选择"插入"→"设计特征"→"旋转"命令，弹出"旋转"对话框，对话框中各选项的作用如图1-30所示。

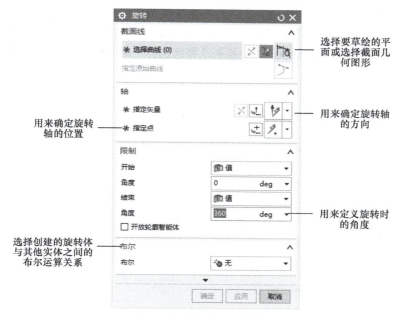

图1-30 "旋转"对话框

图1-31所示为轴承零件图。其结构包括外圈、内圈和20个滚珠，具体建模操作过程可扫描二维码观看视频1-11。

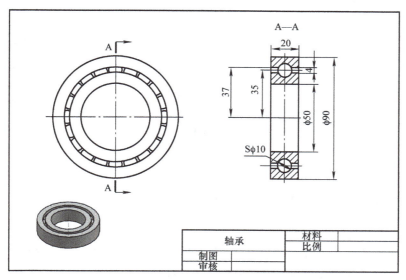

视频1-11

图1-31 轴承零件图

十四、新建图纸文件

UG 提供了标准的图纸模板，这些模板可以被直接调用，其调用方法如下。

1. 新建模板

选择菜单栏中"文件"→"新建" （快捷键为<Ctrl+N>）命令，弹出"新建"对话框，如图 1-32a 所示。在"新建"对话框中选择"图纸"选项卡，设置"关系"为"全部"，选择"全部"将可以调用软件中的全部"图纸模板"，在模板选择区选择"A4- 无视图"作为图纸模板。

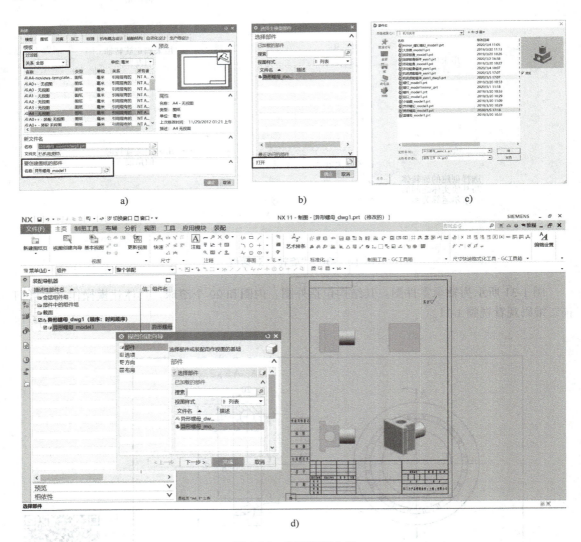

图 1-32　新建图纸文件

2. 打开文件

在"要创建图纸的部件"选项中，选择"打开"命令，弹出"选择主模型部件"对话框，如图 1-32b 所示。在"选择主模型部件"对话框中选择"打开"命令，弹出"部件名"对话框，如图 1-32c 所示。选择"异形螺母_model1.prt"文件，单击"OK"按钮，再次显示"选择主模型部件"对话框,单击"确定"按钮,显示"新建"对话框,此时新建文件名将默认为"异形螺母_model1.prt",文件夹位于"E\机用虎钳\",单击"OK"按钮。

3. 进入制图环境

此时,将同时调入图纸模板,并弹出"视图创建向导"对话框,如图 1-32d 所示。

十五、设置制图环境背景颜色

通过设置"首选项"可以更改制图环境背景颜色、部件设置等,其中比较常见的是将制图环境背景颜色改成白色,方便截图。其创建过程如下。

进入制图环境后,在菜单栏中选择"视图"选项卡→"首选项"命令(快捷键为<Ctrl+Shift+V>),弹出"可视化首选项"对话框。选择"颜色/字体"选项卡,在"图纸部件设置"选项组中选择"背景",弹出"颜色"对话框。在"收藏夹"选项组中选择"白色",单击"确定"按钮,再次显示"可视化首选项"对话框,单击"确定"按钮,完成背景颜色设置,如图 1-33 所示。

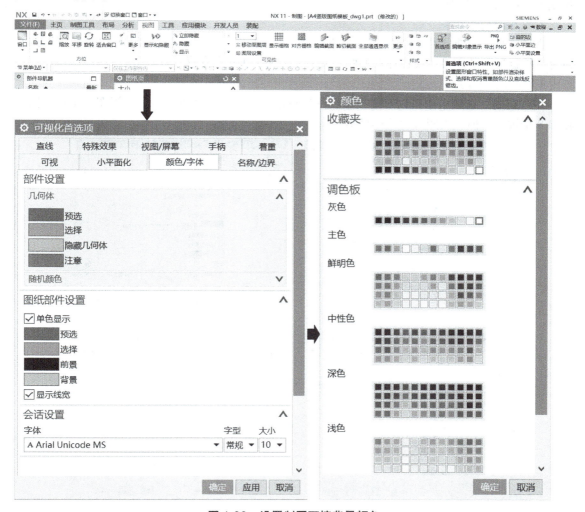

图 1-33 设置制图环境背景颜色

十六、视图创建向导

进入制图环境后,在菜单栏中选择"主页"选项卡→"新建图纸页" 命令,弹出"图纸页"对话框。在对"图纸页"对话框进行设置后,单击"确定"按钮,弹出"视图创建向导"对话框。"视图创建向导"对话框有"部件""选项""方向"和"布局"4个选项卡,使用"视图创建向导"对话框可以快速地对视图进行创建和细节设置,但由于在"视图创建向导"对话框中创建视图时无法实现剖切,因此也具有一定的局限性,使用"基本视图"和"剖视图"可以创建剖视图。"视图创建向导"对话框中的4个选项卡如图1-34所示,其作用如下。

1. "部件"选项卡

在"部件"选项卡中可对部件进行重新选择,此处将默认选择已打开的文件,如图1-34a所示。

2. "选项"选项卡

在"选项"选项卡中可以对零件图的显示进行设置,如是否着色显示视图,是否显示不可见线等,如图1-34b所示。

3. "方向"选项卡

在"方向"选项卡中可以选择已有的视图如"主视图""俯视图"等作为放置视图的方向,也可以根据用户的定义放置在任意方向,或沿某一坐标轴进行旋转。

4. "布局"选项卡

在"布局"选项卡中可以对要投影视图进行选择,可以单独投影一个主视图,也可以同时输出8个视图,但主视图必须选择显示。

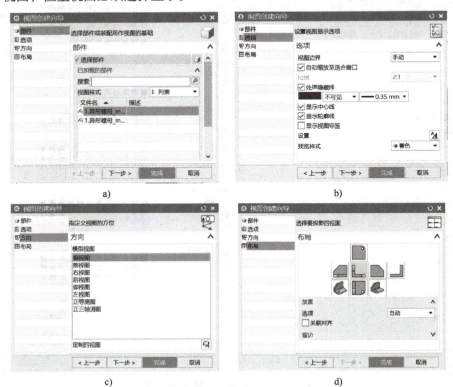

图1-34 "视图创建向导"对话框中的4个选项卡

十七、工程图实例——上盖

在零件图中常使用旋转剖视图表达不在同一平面上,但却沿物体的某一回转轴轴向分布的结构,如图 1-35 所示的上盖零件图上的槽和孔。另外,为了更直观地表达带有内部结构的零件,常采用在立体图上创建剖视图的方法。本实例中根据上盖模型文件,介绍了视图、投影视图以及剖视图的创建方法。其中重点介绍了创建旋转剖视图和立体剖视图的方法,具体操作过程可扫描二维码观看视频 1-12。

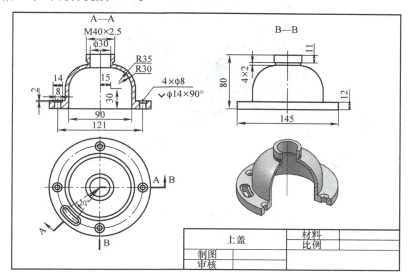

视频 1-12

图 1-35 上盖零件图

项目实施

任务一 机用虎钳主要零件三维建模

任务描述:根据零件图利用 UG NX 11.0 软件完成钳口、螺杆、活动钳身、固定钳身、异形螺母等 9 个零件三维模型的创建。其中前 4 个零件是重点任务,其他零件为拓展任务,将以在线开放课程形式作为课后习题。通过完成建模任务,掌握 UG 模型模块的功能和使用方法。

任务要求:

1)掌握 UG 模型模块常用设计工具的使用方法和技巧,包括设计特征、关联复制、组合、扫掠等。

2)根据模型的结构和尺寸特点,能够形成正确的建模思路并利用 UG 创建三维模型。

3)通过完成建模任务,提升读图、识图能力。

机用虎钳具有设计结构简单紧凑,夹紧力度强,易于操作使用的特点。其结构包括固定钳身、沉头螺钉、钳口、异形螺钉、活动钳身、圆螺母、垫圈、螺杆、异形螺母等,如图 1-36 所示。工作时,使用扳手转动螺杆,通过螺杆、异形螺母的配合,带动活动钳身移动,形成相对于工件的加紧与松开运动。活动钳身的直线运动是由螺旋运动转换的,螺杆的螺旋运动转换成活动钳身的直线运动。

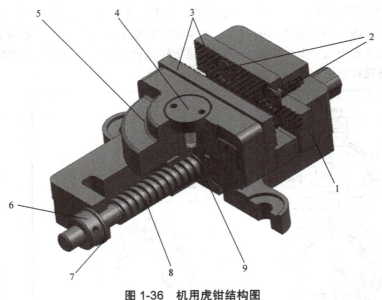

图 1-36 机用虎钳结构图
1—固定钳身 2—沉头螺钉 3—钳口 4—异形螺钉
5—活动钳身 6—圆螺母 7—垫圈 8—螺杆 9—异形螺母

一、钳口三维建模

钳口是机用虎钳上和工件直接接触的部分,机用虎钳上共有两块一样的钳口。为了使工件夹持得更加稳固,钳口上设计有间距相等、相互垂直且截面成正三角形的凹槽。

钳口的三维模型及结构如图 1-37 所示,钳口主要包括基本长方体、螺纹孔和凹槽 3 部分。其中凹槽部分是建模的难点,需要使用"沿引导线扫掠""阵列"和"镜像"三个命令。

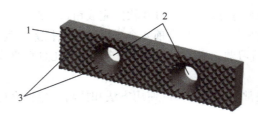

图 1-37 钳口三维模型及结构
1—基本长方体 2—螺纹孔 3—凹槽

根据钳口三维模型结构可以分析出其建模思路,每个零件的建模思路并不唯一固定,熟练掌握软件后,读者可思考自己的建模思路。为了讲解更多的软件工具命令的使用方法,推荐建模思路如图 1-38 所示。

项目一　机用虎钳综合项目

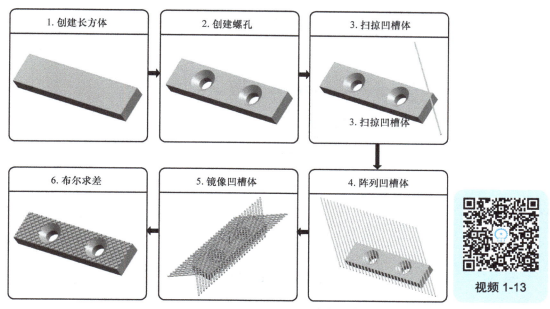

图 1-38　钳口的建模思路

根据以上建模思路以及图 1-39 所示的钳口零件图创建三维模型，首先需要打开软件并在"模型"模板上创建一个名为"钳口_model1.prt"文件，如图 1-40 所示。

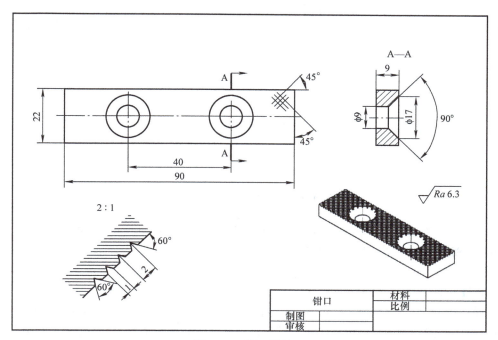

图 1-39　钳口零件图

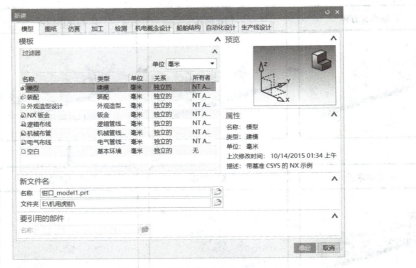

图 1-40　新建模型文件

单击"确定"按钮，进入建模环境，如图 1-41 所示。

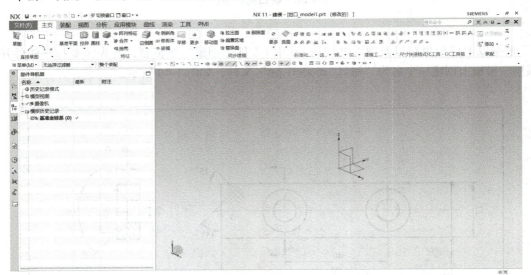

图 1-41　UG NX 11.0 建模环境

> **注意**：在此后的任务中，项目一的工作目录名称为"机用虎钳"，学生可以在自己的工作盘上创建"机用虎钳"文件夹作为工作目录。

1. 创建长方体

选择"菜单"→"插入"→"设计特征"→"长方体" 命令（快捷键为 K），如图 1-42a 所示。关于创建长方体的相关基础知识和技能参见技能储备中的"七、长方体"。

（1）选择类型　在弹出的"长方体"对话框（图 1-42b）中设置"类型"为"原点和边长"。

（2）指定原点　在"长方体"对话框（图 1-42b）中单击"指定点" 按钮，弹出"点"

对话框，如图1-42c所示。在"点"对话框（图1-42c）中，将"X"设置为"-45mm"，"Y"设置为"-11mm"，"Z"设置为"0mm"。

（3）设定尺寸　在"长方体"对话框（图1-42b）中，将"尺寸"选项中"长度（XC）"设置为"90mm"，"宽度（YC）"设置为"22mm"，"高度（ZC）"设置为"9mm"。

图1-42　创建长方体

2. 创建螺纹孔

选择"菜单"→"插入"→"设计特征"→"孔"命令，弹出"孔"对话框，如图1-43a所示。孔的创建主要包括选择类型、指定位置、指定方向、设定形状和尺寸四个步骤。

（1）选择类型　UG提供的孔类型包括"螺纹孔""常规孔"等，在这里孔的"类型"选择"常规孔"。

（2）指定位置　即指定孔所在放置平面的定位尺寸或参考点，如图1-43b所示，在视图区选择长方体上表面作为放置孔的平面，此时UG将进入草绘环境，同时显示"草图点"对话框，在长方体上表面单击，单击一次将创建一个草图点，此处需要单击两次，因为要创建两个放置孔的参考点。使用草图工具对参考点的定位尺寸进行修改，设置的尺寸如图1-43b所示。

（3）指定方向　在"孔"对话框中默认选择孔的方向为"垂直于面"。

（4）设定形状和尺寸　在"孔"对话框中选择孔的"成形"为"埋头"；在"尺寸"选项组中，设置"埋头直径"为"17mm"，"埋头角度"为"90°"，"直径"为"9mm"，"深度限制"为"直至下一个"（孔的深度将由下一个表面决定，此处孔将穿透长方体），单击"确定"按钮。

3. 扫掠凹槽体

在执行"沿引导线扫掠"命令之前需要先绘制引导线和截面草图，然后使用"沿引导线扫掠"命令完成凹槽体的扫掠。

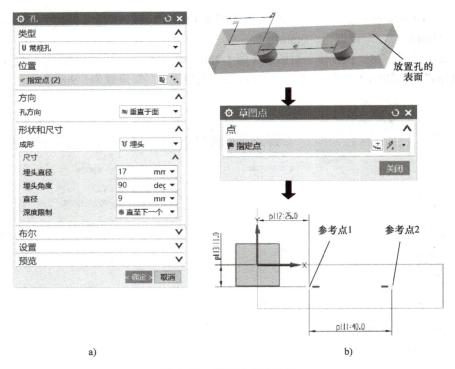

a)　　　　　　　　　　　　　b)

图 1-43　螺纹孔参数设置

（1）绘制引导线　选择"主页"→"草图" 命令，弹出"创建草图"对话框，选择长方体上表面为草图平面，默认草图方向参考和草图原点设置，单击"确定"按钮，进入草图绘制环境。绘制引导线草图，引导线草图的相关尺寸和绘制过程如图 1-44 所示。在工具栏中选择"完成草图"（快捷键为 <Ctrl+Q>）命令，退出草图绘制环境。关于创建草图相关基础知识和技能参见技能储备中的"五、草图工具"。

> 注意：
> 1）草图线需要画长一些，超出长方体的上下边界。直线与水平方向夹角为 45°，此处直线与长方体交点 A 与竖直棱边的距离为 4mm。
> 2）必须在绘制完草图后单击"完成草图" 按钮，退出草图绘制环境。否则将无法基于草图进行其他设计特征操作，如拉伸、旋转、扫掠等。

（2）绘制截面草图　选择"主页""草图" 命令，弹出"创建草图"对话框，设置"草图类型"为"基于路径"，在视图区选择刚绘制的草图引导线作为路径；在"平面位置"选项组中，设置"弧长百分比"为"0"，绘制的截面形状为正三角形，高度为 1mm，绘制截面草图的过程和相关尺寸如图 1-45 所示，单击"完成草图" 按钮。

> 注意：三角形的水平边要在长方体上表面，以保证布尔运算能够在钳口上面切出三角形截面凹槽。

项目一 机用虎钳综合项目

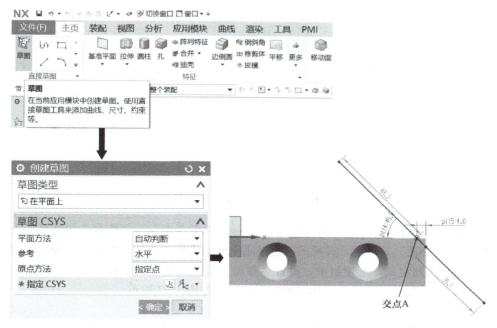

图 1-44 绘制引导线

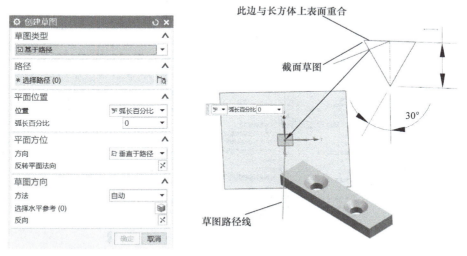

图 1-45 绘制截面草图

（3）沿引导线扫掠凹槽体　选择"菜单"→"插入"→"扫掠"→"沿引导线扫掠"命令，弹出"沿引导线扫掠"对话框。选择刚绘制的正三角形作为"截面"，选择草绘的引导线作为"引导"，"布尔"运算类型选择"无"，否则无法使用"镜像几何特征"和"阵列几何特征"命令进行下面的阵列和镜像操作。沿引导线扫掠的设置过程如图 1-46 所示。

图 1-46 设置沿引导线扫掠

(4)阵列几何体 选择"菜单"→"插入"→"关联复制"→"阵列几何特征"命令，弹出"阵列几何特征"对话框。在视图区选择刚完成的沿引导线扫掠的体为"要形成阵列的几何特征"，在"阵列定义"选项组中，设置"布局"为"线性"，"方向 1"为"X 轴"，"数量"为"27"，"节距"为"-4mm"，单击"确定"按钮，如图 1-47 所示。

> 注意：节距值的正负取决于系统默认的正方向，系统默认的正方向为基准坐标轴的正方向，如果需要阵列的方向与坐标轴的正方向一致，节距值为正，方向相反、为负。

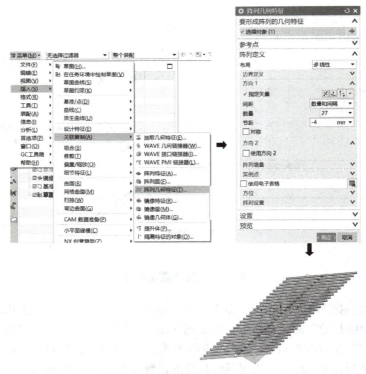

图 1-47 设置阵列几何特征

（5）镜像凹槽体　选择"菜单"→"插入"→"关联复制"→"镜像特征" 命令，弹出"镜像特征"对话框。在视图区选择刚完成的沿引导线扫掠的体和阵列凹槽体为"要镜像的特征"（可以按 <Shift> 键在"部件导航器"中完成同时选择多个特征），在"镜像平面"选项组中，设置"平面"为"现有平面"，选择 XZ 平面，单击"确定"按钮，如图 1-48 所示。

图 1-48　镜像凹槽体特征

（6）布尔求差　选择"菜单"→"插入"→"组合"→"减去" 命令，弹出"求差"对话框。选择长方体基体为"目标选择体"；选择沿引导线扫掠的体、阵列体和镜像体为"工具选择体"（可以按 <Shift> 键在"组件导航器"中完成同时选择多个特征），单击"确定"按钮，如图 1-49 所示。

（7）保存文件　选择"文件"→"保存"命令（快捷键为 <Ctrl+S>），即可保存工作部件和任何已修改的组件，如图 1-50 所示。

> 提示：保存文件操作的方法在后面的案例中将不再介绍，请读者养成在建模过程中随时保存的习惯，以免文件丢失。

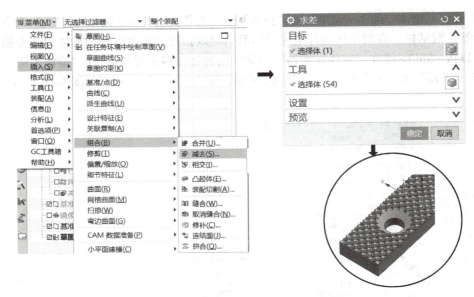

图 1-49 凹槽特征与长方体布尔求差

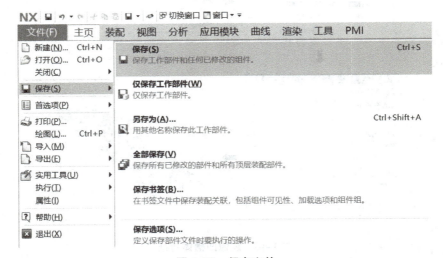

图 1-50 保存文件

二、螺杆三维建模

螺杆是机用虎钳的传动部分,它是矩形螺纹传动轴。其主要结构包括旋转基本体、矩形螺纹、矩形轴段、螺纹退刀槽、倒角和锥销孔。螺杆安装在固定钳身的水平通孔内,并与活动钳身上的异形螺母相配合,将螺旋运动转化为直线运动,从而实现机用虎钳的夹紧和放松功能,螺杆的三维模型及各部分结构如图 1-51 所示。根据螺杆的结构和实物图可以确定图 1-52 所示建模思路。

根据以上建模思路以及图 1-53 所示的螺杆零件图,创建螺杆三维模型。首先创建"螺杆_model1.prt"文件,选择"机用虎钳"作为工作目录,单击"确定"按钮,进入建模环境。

项目一　机用虎钳综合项目

图 1-51　螺杆三维模型

1—旋转基体　2—矩形螺纹　3—矩形轴段　4—螺纹退刀槽　5—倒角　6—锥销孔

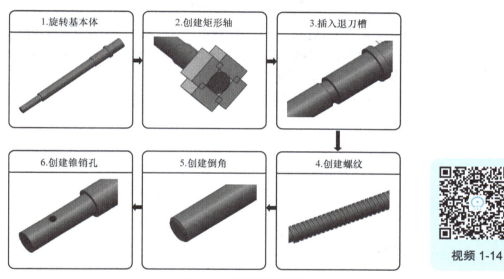

图 1-52　螺杆建模思路

视频 1-14

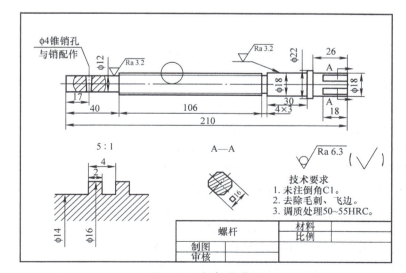

技术要求
1. 未注倒角C1。
2. 去除毛刺、飞边。
3. 调质处理50~55HRC。

图 1-53　螺杆零件图

1. 创建旋转基本体

创建旋转基本体需要两步，分别为创建草图和旋转，关于"旋转"命令相关基础知识和技能参见技能储备中的"十三、旋转"。具体操作步骤如下。

（1）创建草图　选择"主页""草图" 命令，弹出"创建草图"对话框。在视图区选择 XY 基准面作为草图平面，绘制出螺杆轴截面的一半草图，如图1-54所示。

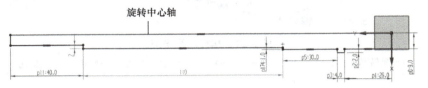

图 1-54　草绘螺杆截面

（2）旋转　选择"菜单"→"插入"→"设计特征"→"旋转" 命令弹出"旋转"对话框。选择草图中旋转中心轴作为回转轴，设置旋转开始角度为"0deg"，结束角度为"360deg"，"布尔"为"无"，单击"确定"按钮，如图1-55所示。

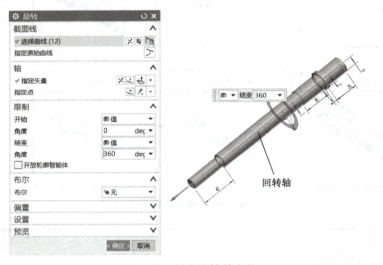

图 1-55　创建旋转基本体

2. 创建矩形轴

创建矩形轴需要四步，分别为创建草图、拉伸长方体、阵列长方体和布尔运算，具体操作步骤如下。

（1）创建草图　选择"草图" 命令，绘制图1-56所示草图，可以画得稍大一些，只要保证矩形左边到圆心的距离为"8"即可，单击"完成草图" 按钮。

（2）拉伸长方体　选择"菜单"→"插入"→"设计特征"→"拉伸" 命令，弹出"拉伸"对话框，设置拉伸深度，开始值为"0"，结束值为"18"，"布尔"为"无"，单击"确定"按钮，如图1-57所示。关于"拉伸"

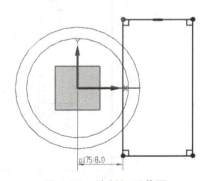

图 1-56　绘制矩形草图

命令相关基础知识和技能参见技能储备中的"十二、拉伸"。

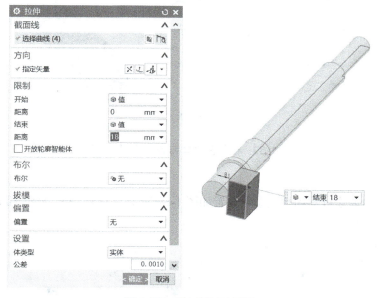

图 1-57 "拉伸"对话框

（3）阵列长方体 选择"菜单"→"插入"→"关联复制"→"阵列几何特征" 命令，弹出"阵列几何特征"对话框。选择刚完成的长方体为"要形成阵列的几何特征"，"阵列定义"选项组中的参数设置如图 1-58 所示。

图 1-58 阵列长方体

（4）布尔运算 选择"菜单"→"插入"→"组合"→"减去" 命令，弹出"求差"对话框。选择旋转基本体为"目标"，选择 4 个刚创建的长方体为"工具"，如图 1-59 所示。

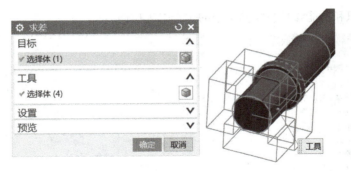

图 1-59　回转基本体与长方体"求差"

3. 创建螺纹退刀槽

螺纹退刀槽的创建过程和相关参数设置如图 1-60 所示。关于"槽"命令相关基础知识和技能参见技能储备中的"十、槽"。

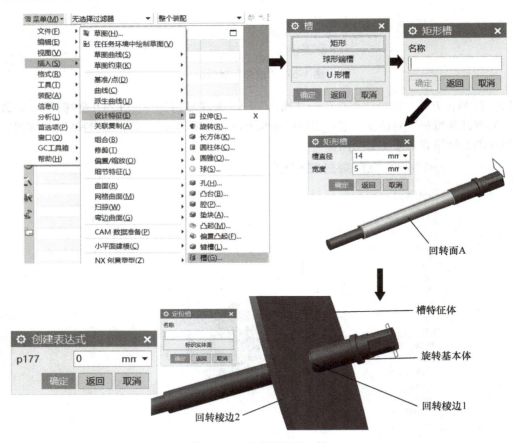

图 1-60　创建螺纹退刀槽

4. 创建螺纹

创建螺纹有两种类型，一是符号螺纹，二是详细螺纹，下面分别介绍两种螺纹的创建方法。

（1）创建符号螺纹　选择"菜单"→"插入"→"设计特征"→"螺纹"命令，弹出"螺纹切削"对话框。勾选对话框中"手工输入"选项，输入螺纹的"大径"为"16mm"，"小径"为"14mm"，"螺距"为"4mm"，"角度"为"60deg"，"轴尺寸"为"16mm"，"长度"为"38mm"，单击"确定"按钮，符号螺纹的创建过程和相关参数设置如图1-61所示。

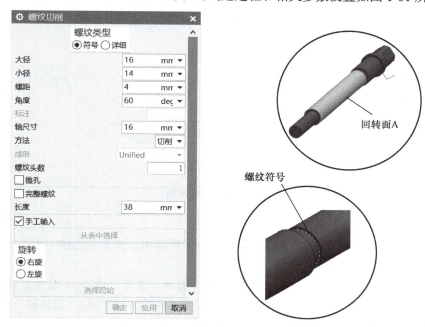

图1-61　创建符号螺纹

（2）创建详细螺纹　详细螺纹一般用于产品展示使用，无法根据详细螺纹模型导出标准零件图，所以一般在需要输出零件图时不使用详细螺纹。生成详细螺纹的方法如下。

在"螺纹切削"对话中设置"螺纹类型"为"详细"，选择要生成详细螺纹的轴段表面，此时，UG将根据所选轴段自动计算出"大径"为"16mm"。输入其他相应的参数，"小径"为"14mm"，"长度"为"105mm"，"螺距"为"4mm"，"角度"为"10deg"；"旋向"设置为"右旋"，单击"确定"按钮，详细螺纹的创建过程和相关参数设置如图1-62所示。

图1-62　创建详细螺纹

5. 创建倒角

在菜单栏中选择"主页"选项卡,选择"倒斜角" 命令,弹出"倒斜角"对话框。在视图区选择需要创建倒角的棱边,在"偏置"选项组中设置"横截面"为"对称","距离"为"1mm",单击"确定"按钮,倒角的创建过程和相关参数设置如图1-63所示。

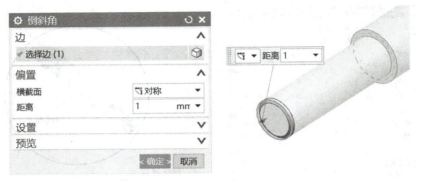

图1-63 创建倒角

6. 创建锥销孔

创建锥销孔之前,为了保证锥销孔的位置符合图样要求,需要先创建一个基准平面,然后利用"孔"命令完成锥销孔创建。

(1)创建基准平面A 选择"主页"选项卡,选择"基准平面" 命令,弹出"基准平面"对话框。设置"类型"为"成一角度","平面参考"为YZ平面,"通过轴"为Z轴,"角度"为"45deg",单击"确定"按钮,如图1-64所示。

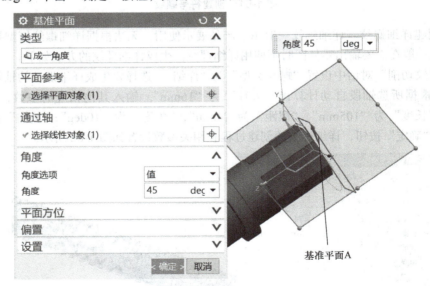

图1-64 创建基准平面A

(2)创建基准平面B 选择"主页"选项卡,选择"基准平面" 命令弹出"基准平面"对话框。设置"类型"为"按某一距离","平面参考"为刚创建的基准平面A,"距离"为"6mm",单击"确定"按钮,如图1-65所示。

项目一 机用虎钳综合项目 41

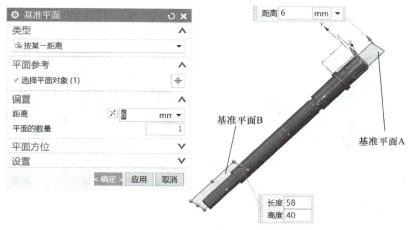

图 1-65 创建基准平面 B

（3）创建锥销孔 在菜单栏中选择"主页"选项卡，选择"孔" 命令，弹出"孔"对话框。设置"类型"为"常规孔"，在视图区选择刚创建的基准平面 B 作为放置孔的平面，UG 将进入草绘环境。在草绘环境中单击绘制一个点，点的定位尺寸如图 1-66a 所示，选择"完成草图" 命令退出草绘环境。返回"孔"对话框，设置"成形"为"锥孔"，"直径"为"4mm"，"锥角"为"2deg"，"深度"为"25mm"，"布尔"为"减去"，单击"确定"按钮，如图 1-66b 所示。

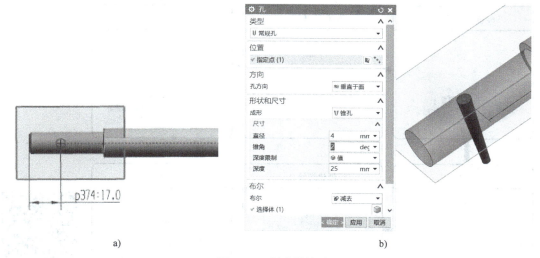

图 1-66 创建锥销孔

三、活动钳身三维建模

活动钳身是机用虎钳的重要组成部分，它与固定钳身配合并沿螺杆轴线方向相对运动，实现工件的夹紧和放松。其主要结构包括基本长方体、大半圆台、小半圆台、台阶孔、钳口位置、螺纹孔、通槽、工艺槽以及各部分圆角，如图 1-67 所示。

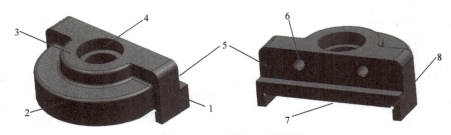

图1-67 活动钳身三维模型

1—基本长方体 2—大半圆台 3—小半圆台 4—台阶孔 5—钳口位置 6—螺纹孔 7—通槽 8—工艺槽

根据活动钳身的结构可以确定图1-68所示建模思路。

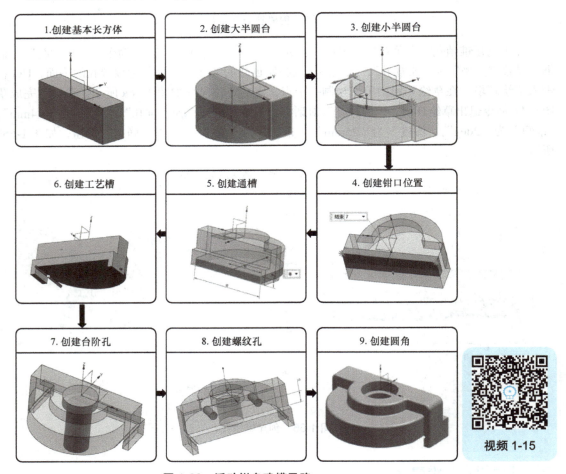

图1-68 活动钳身建模思路

视频1-15

根据以上建模思路以及图1-69所示的活动钳身零件图,创建其三维模型。选择"文件"→"新建" 命令,选择"模型"模板,输入文件名称为"活动钳身_model1.prt",选择"机用虎钳"文件夹作为工作目录,单击"确定"按钮,进入建模环境。

项目一 机用虎钳综合项目 43

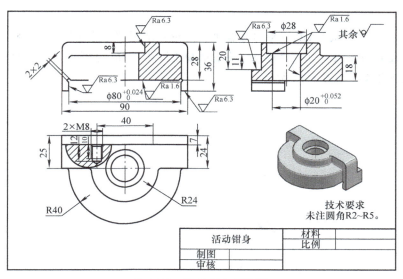

图 1-69 活动钳身零件图

1. 创建基本长方体

选择"主页"→"更多" →"长方体" 命令,设置"类型"为"原点和边长",设置长方体"长度"为"90mm","宽度"为"24mm","高度"为"36mm",选择对话框中的"指定点" 命令,弹出"点"对话框。设置"X"为"-45mm","Y"为"0mm","Z"为"36mm",如图 1-70 所示。

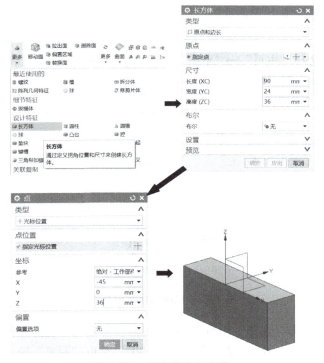

图 1-70 创建基本长方体

🔔 **注意**：如果在低于 UG NX 11.0 版本软件中找不到"长方体" 命令，是因为没有将用户角色设置为高级。可以通过在"导航选项卡"中选择"角色" → "内容" → "角色高级"进行更改，如图 1-71 所示。

图 1-71　设置高级角色

2. 创建大半圆台

（1）创建草图　选择"主页" → "草图" 命令，选择长方体的上表面 A 为草图平面，绘制大半圆台草图，如图 1-72 所示。

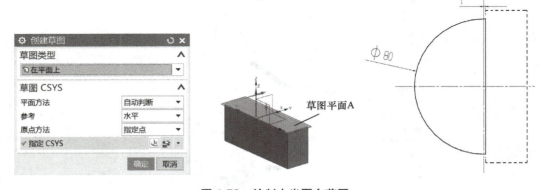

图 1-72　绘制大半圆台草图

（2）拉伸大半圆实体　选择"主页" → "拉伸" 命令，选择刚绘制的草图为"截面线"，在"限制"选项组中，开始"距离"输入为"0"，结束"距离"输入为"36mm"；"布尔"设置为"合并"，单击"确定"按钮，如图 1-73 所示。

项目一　机用虎钳综合项目

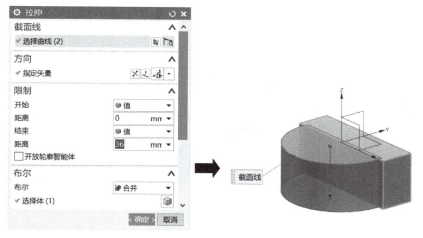

图 1-73　拉伸大半圆实体

3. 创建小半圆台

选择"主页"→"拉伸" 命令，选择大半圆台的棱边为"截面线"；在"限制"选项组中，开始"距离"输入为"0mm"，结束"距离"输入为"10mm"；"布尔"设置为"减去"；在"偏置"选项组中，设置"偏置"为"两侧"，"开始"输入为"0mm"，"结束"输入为"16mm"，单击"确定"按钮，小半圆台拉伸创建过程和相关参数设置如图 1-74 所示。

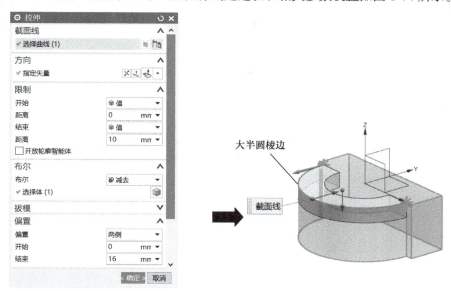

图 1-74　拉伸小半圆台

4. 创建钳口位置

选择"主页"→"拉伸" 命令，选择长方体基体上的棱边 A 为"截面线"；在"限制"选项组中，开始"距离"输入为"0mm"，结束"距离"输入为"20mm"；"布尔"设置为"减去"；在"偏置"选项组中，设置"偏置"为"两侧"，"开始"输入为"0mm"，"结束"输入为"7mm"，如图 1-75 所示。

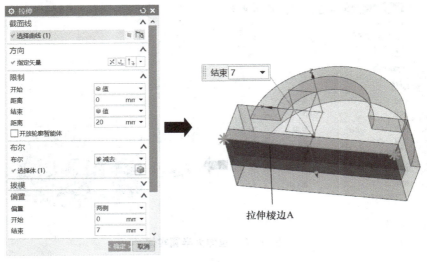

图 1-75 拉伸钳口位置

5. 创建通槽

选择"主页"→"拉伸" 命令,弹出"拉伸"对话框,如图 1-76a 所示。单击"绘制截面" 按钮,弹出"创建草图"对话框。在草绘环境中绘制图 1-76b 所示的草图,选择"完成草图" 命令。系统将自动选择刚绘制的草图为"截面线";在"限制"选项组中,开始"距离"输入为"0mm",结束"距离"输入为"直至下一个";布尔选择"减去",单击"确定"按钮。

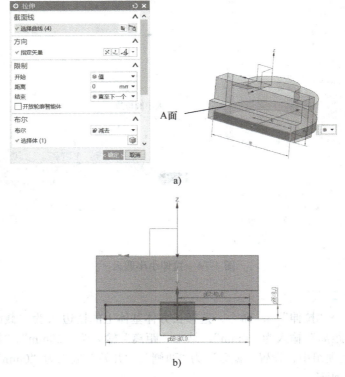

图 1-76 拉伸通槽

6. 创建工艺槽

（1）拉伸单个工艺槽 选择"主页"→"拉伸" 命令，单击"绘制截面"按钮，如图 1-77a 所示。选择草图平面 A 为草绘平面，绘制图 1-77b 所示的草图，选择"完成草图" 命令系统自动选择刚绘制的草图为"截面线"，开始"距离"输入为"0mm"，结束"距离"输入为"50mm"，"布尔"设置为"无"，单击"确定"按钮。

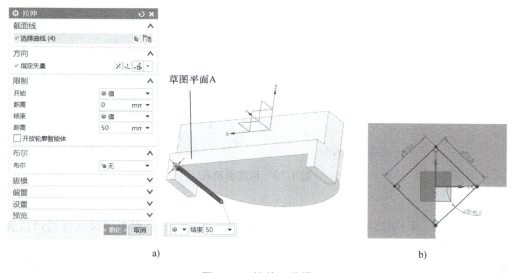

图 1-77 拉伸工艺槽

（2）镜像工艺槽 选择"主页"→"更多" → "镜像特征" 命令，选择拉伸体为"要镜像的特征"，选择 YZ 平面为"镜像平面"，单击"确定"按钮，如图 1-78 所示。

图 1-78 镜像工艺槽

（3）布尔求差 选择"主页"→"更多" → "减去" 命令，选择活动钳身主体模型为"目标"，选择两个工艺槽为"工具"，单击"确定"按钮。

7. 创建台阶孔

选择"主页"→"孔" ，"类型"设置为"常规孔"，在视图区选择小半圆台的圆弧中心为孔的放置"位置"，"成形"设置为"沉头"，"沉头直径"输入"28mm"，"沉头深度"输入"8mm"，"直径"输入"20mm"，"深度"默认为"50mm"，如图 1-79 所示。

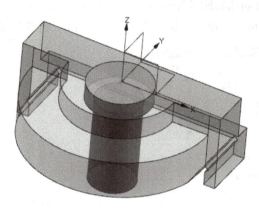

图 1-79　创建台阶孔

8. 创建螺纹孔

选择"主页"→"孔" 命令,"类型"设置为"螺纹孔",在视图区选择钳口位置侧面（图 1-80 所示的平面 A）为螺纹孔放置"位置",使用自动弹出的"草绘点"对话框绘制图 1-80 所示的草图点,选择"完成草图" 命令。在"螺纹尺寸"选项组中,"大小"设置为"M8×1.25","螺纹深度"输入"10mm",钻孔"尺寸深度"输入"14mm",单击"确定"按钮。

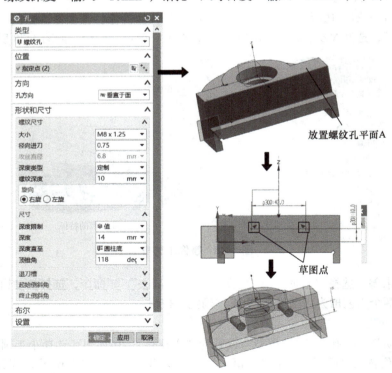

图 1-80　创建螺纹孔

项目一　机用虎钳综合项目　49

9. 创建圆角

选择"主页"→"边倒圆" 命令，圆角半径设置为 R1~R5mm，如图 1-81 所示。

> 注意：创建圆角的顺序一般是先分支、后主体，这样有利于保证圆角的连续性和美观。

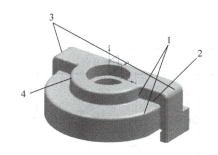

图 1-81　倒圆角的顺序和大小
1—R2mm　2—R1mm　3—R5mm　4—R2mm

四、固定钳身三维建模

固定钳身是机用虎钳的基座部分，它与工作台相对固定，上方与活动钳身配合，中间轴孔用来放置螺杆。主要结构包括：基本体、螺纹孔、扫掠槽、台阶孔1、两侧耳台、圆角、前端孔、台阶孔2、工字槽、底部矩形槽和两侧矩形槽，如图 1-82 所示。

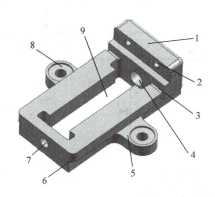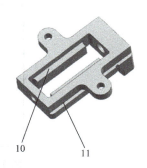

图 1-82　固定钳身三维模型
1—基本体　2—螺纹孔　3—扫掠槽　4—台阶孔1　5—两侧耳台
6—圆角　7—前端孔　8—台阶孔2　9—工字槽　10—底部矩形槽　11—两侧矩形槽

根据固定钳身的结构可以确定图 1-83 所示建模思路。

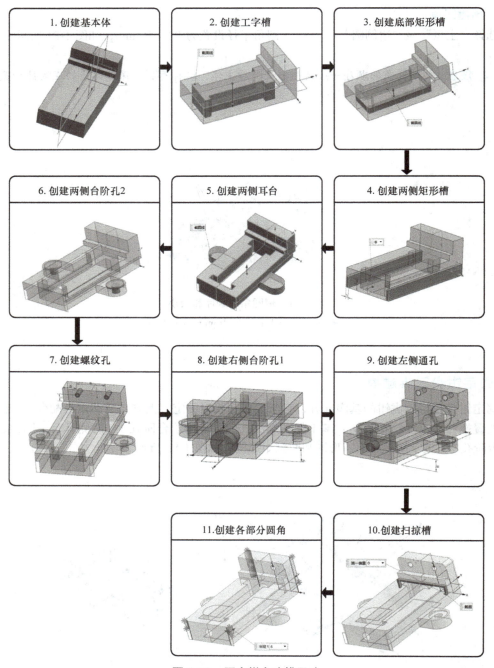

图 1-83 固定钳身建模思路

根据以上建模思路以及图 1-84 所示的固定钳身零件图，创建钳身三维模型。选择"菜单栏"中的"新建"命令，选择"模型"模板，输入文件名称为"固定钳身_model1.prt"，选择"机用虎钳"文件夹作为工作目录，单击"确定"按钮，进入建模环境。

视频 1-16

项目一 机用虎钳综合项目

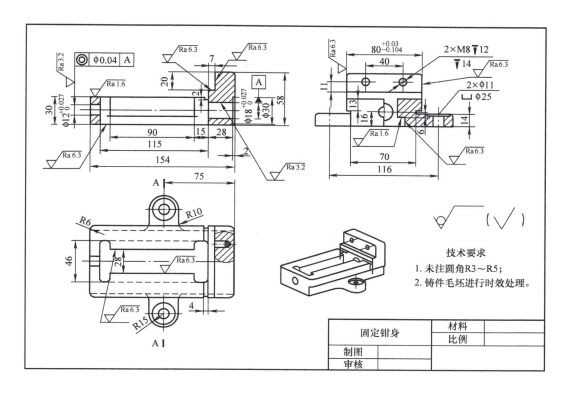

图 1-84 固定钳身零件图

1. 创建基本体

（1）创建草图 选择"主页"→"草图"命令，选择基准坐标系的XY平面为草图平面，绘制图1-85所示的基本体草图，选择"完成草图"命令，退出草绘环境。

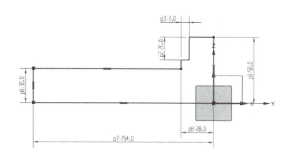

图 1-85 基本体草图

（2）拉伸基本体 选择"主页"→"拉伸"命令，选择刚绘制的草图为"截面线"，"结束"设置为"对称值"，"距离"输入"40mm"，如图1-86所示。

2. 创建工字槽

（1）创建草图 选择"主页"→"草图"命令，选择导轨上表面为草图平面，绘制图1-87所示的工字槽草图，选择"完成草图"命令，退出草绘环境。

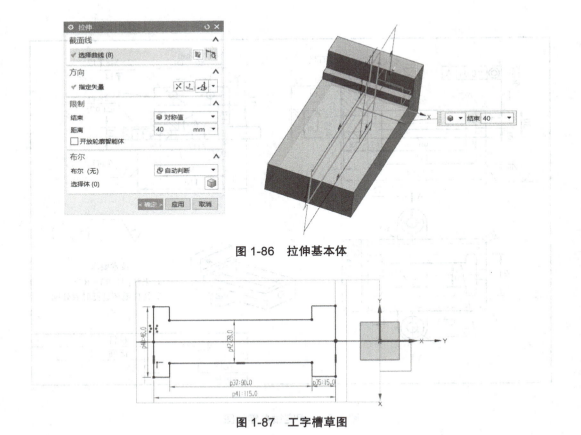

图 1-86　拉伸基本体

图 1-87　工字槽草图

（2）拉伸工字槽　选择"主页"→"拉伸" 命令，"截面线"选择刚绘制的工字槽草图为"截面线"，"结束"设置为"贯通"，"布尔"设置为"减去"，如图 1-88 所示。

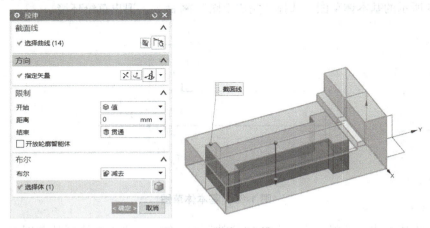

图 1-88　拉伸工字槽

3. 创建底部矩形槽

（1）创建草图　选择"主页"→"草图" 命令，选择固定钳身下表面为草图平面，绘制图 1-89 所示的矩形槽草图。

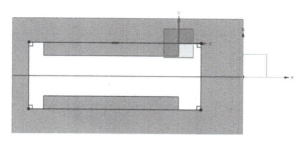

图 1-89 矩形槽草图

（2）拉伸矩形槽 选择"主页"→"拉伸" 命令，选择刚绘制的矩形槽草图为"截面线"，开始"距离"输入"0mm"，结束"距离"输入"10mm"，"布尔"设置为"减去"，单击"确定"按钮，拉伸矩形槽的过程和相关参数设置如图 1-90 所示。

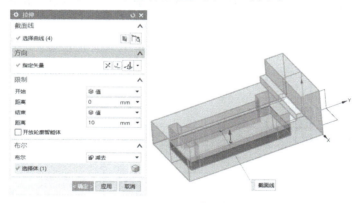

图 1-90 拉伸底部矩形槽

4. 创建两侧矩形槽

（1）创建草图 选择"主页"→"草图" 命令，选择基本体左侧端面为草图平面，绘制图 1-91 所示的两个矩形草图，在工具栏中选择"完成草图" 命令，退出草绘环境。

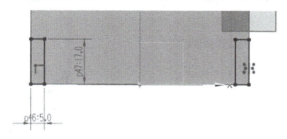

图 1-91 绘制矩形草图

（2）拉伸两侧矩形槽 选择"主页"→"拉伸" 命令，选择刚绘制的两个矩形草图为"截面线"，开始"距离"输入"0mm"，"结束"设置为"直至下一个"，"布尔"设置为"减去"，如图 1-92 所示。

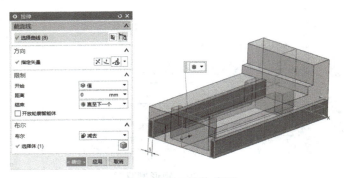

图 1-92　拉伸两侧矩形槽

5. 创建两侧耳台

（1）创建草图　选择"主页"→"草图"命令，选择基体下表面为草图平面，绘制两侧耳台轮廓草图，如图 1-93 所示。在工具栏中选择"完成草图"命令，退出草绘环境。

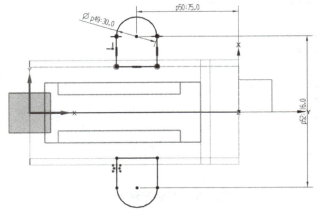

图 1-93　两侧耳台轮廓草图

（2）拉伸两侧耳台　选择"主页"→"拉伸"命令，选择刚绘制的两侧耳台轮廓草图为"截面线"，开始"距离"输入"0mm"，结束"距离"输入"14mm"，"布尔"设置为"合并"，如图 1-94 所示。

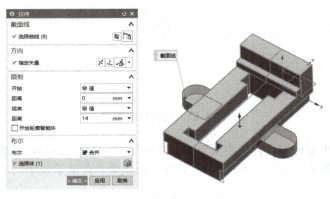

图 1-94　拉伸两侧耳台

项目一　机用虎钳综合项目

6. 创建两侧台阶孔2

选择"主页"→"孔"命令,"类型"设置为"常规孔",选择两侧耳台上表面的两圆弧圆心为孔的放置"位置","成形"设置为"沉头","沉头直径"输入"25mm","沉头深度"输入"2mm","直径"输入"11mm","深度限制"设置为"贯通体",如图1-95所示。

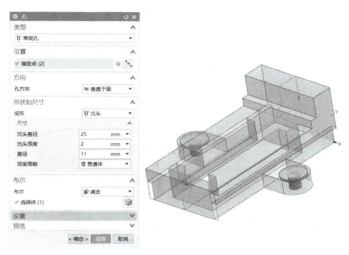

图1-95　创建两侧台阶孔2

7. 创建螺纹孔

选择"主页"→"孔"命令,"类型"设置为"螺纹孔",在视图区选择固定钳身上钳口配合表面为放置孔的"位置",使用"草绘点"命令绘制图1-96a所示的两个草图点作为孔的放置参考点。在"螺纹尺寸"选项组中,设置"大小"为"M8×1.25","螺纹深度"为"12mm";在"尺寸"选项组中,设置"深度"为"14mm",如图1-96b所示。

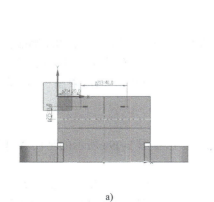

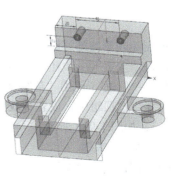

a)　　　　　　　　　　　　　　　　　　　b)

图1-96　创建螺纹孔

8. 创建与螺杆配合的台阶孔 1

选择"主页"→"孔"命令，设置"类型"为"常规孔"，在视图区选择基体右侧面作为放置孔的"位置"；使用"草绘点"命令绘制图 1-97a 所示的草图点作为孔的放置参考点；在"形状和尺寸"选项组中，设置"成形"为"沉头"，"沉头直径"为"30mm"，"沉头深度"为"2mm"，"直径"为"18mm"，"深度限制"为"直至下一个"，如图 1-97b 所示。

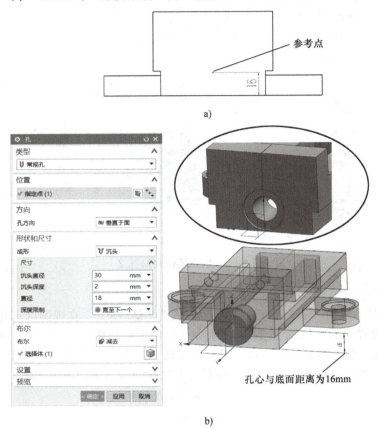

图 1-97 创建台阶孔 1

9. 创建左侧与螺杆配合的通孔

选择"主页"→"孔"命令，设置"类型"为"常规孔"，在视图区选择基体左侧面作为放置孔的"位置"；使用"草绘点"命令绘制图 1-98a 所示的草图点作为孔的放置参考点；在"形状和尺寸"选项组中，设置"成形"为"简单孔"，"直径"为"12mm"，"深度限制"为"直至下一个"，如图 1-98b 所示。

10. 创建扫掠槽

（1）创建引导线草图　选择"主页"→"草图"命令，选择图 1-99a 所示的平面 A 作为草图平面，绘制 1-99b 所示引导线草图。

（2）创建截面线草图　选择"主页"→"草图"命令，设置"草图类型"为"基于路径"，选择刚绘制的引导线草图为"路径"，进入草图绘制环境，根据图 1-100 所示绘制矩形截面线草图。

项目一 机用虎钳综合项目

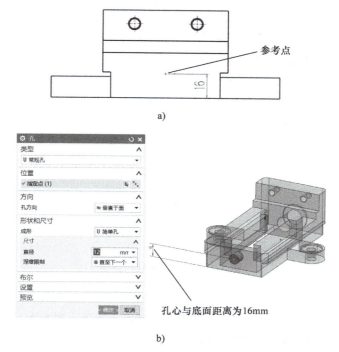

图 1-98 创建左侧与螺杆配合的通孔

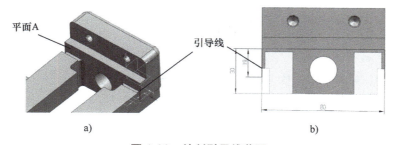

图 1-99 绘制引导线草图

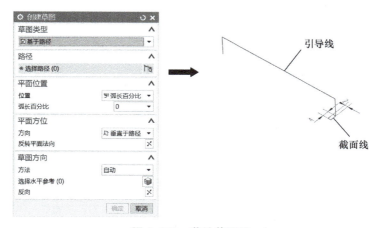

图 1-100 草绘截面线

（3）沿引导线扫掠槽　选择"菜单"→"插入"→"扫掠"→"沿引导线扫掠" 命令，弹出"沿引导线扫掠"对话框。选择刚绘制的矩形截面作为"截面"，选择图 1-100 中的引导线作为"引导"，"布尔"设置为"减去"，如图 1-101 所示。

图 1-101　沿引导线扫掠槽

11. 创建各部分圆角

选择"主页"→"边倒圆" 命令，依次创建基本体四周、基本体上棱边、工字槽和耳台处的圆角，圆角位置及半径参数设置如图 1-102 所示。

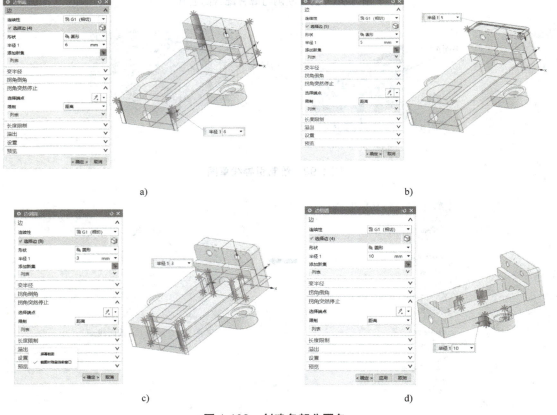

图 1-102　创建各部分圆角

项目一 机用虎钳综合项目

> ⚠️ **注意**：机用虎钳的其他零件图将在课后习题中给出，其他零件建模过程相对简单。同时，在线开放课程中有相关视频可供学习。

任务二　机用虎钳装配

任务描述：装配模块不仅能快速组合零部件成为产品，而且在装配中可以参照其他部件进行部件关联设计，并可对装配模型进行间隙分析、重量管理等操作。装配模型生成后可创建爆炸图、装配序列和机构仿真。我国航空、航天、汽车等领域，都离不开装配仿真技术的支持，在装配模块功能的辅助下，大大减少了工程师对复杂产品设计和检验的时间。

在本任务中将利用 UG 软件完成机用虎钳装配，并创建爆炸图。

任务要求：

1）掌握 UG 装配模块常用工具的使用方法和技巧，理解装配定位类型、装配约束类型和约束的几何体参考的概念和作用。

2）能够利用爆炸图工具创建爆炸图，并对爆炸图的位置进行编辑。

3）通过完成任务，更好地理解机用虎钳的结构和工作原理，提升读图、识图能力。

一、机用虎钳活动钳身组件装配

活动钳身组件包括活动钳身、异形螺钉、钳口和 2 个螺钉共 5 个零件，组件装配后的效果图如图 1-103 所示。

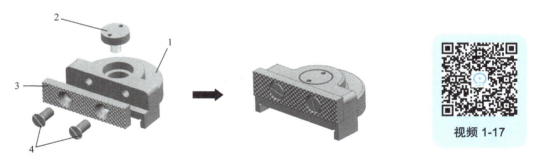

图 1-103　活动钳身组件装配效果图
1—活动钳身　2—异形螺钉　3—钳口　4—螺钉

视频 1-17

1. 新建活动钳身组件文件

选择"文件"→"新建"命令，弹出"新建"对话框，如图 1-104 所示。选择"装配"模板，文件命名为"活动钳身组件 _asm1.prt"。"_asm1.prt"中的"asm"代表该文件为组件，"1"代表这个文件保存的第 1 版，".prt"是扩展名，代表该文件为三维模型。选择"机用虎钳"文件夹作为工作目录，单击"确定"按钮，进入组件装配环境，系统会自动打开"添加组件"对话框，如图 1-105 所示。

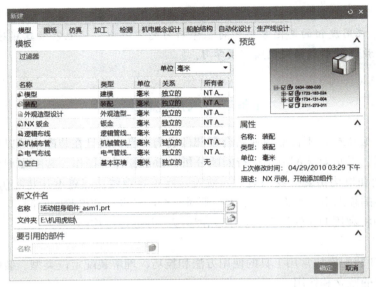

图 1-104 新建活动钳身组件

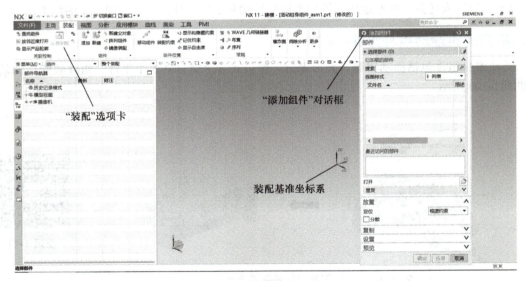

图 1-105 组件装配环境

> **注意**：必须将组件文件和其零件文件放置到同一个文件夹中，这样在复制到其他计算机后，打开组件文件时不会因为找不到零件文件而造成打开失败。

2. 装配活动钳身零件

（1）添加组件 在"添加组件"对话框中选择"打开" 命令，弹出"部件名"对话框，如图 1-106 所示。选择"活动钳身_model.prt"文件，单击"OK"按钮，返回"添加组件"对话框。同时，显示"组件预览"窗口，在"组件预览"窗口中可以通过鼠标对调入的模型进行缩放、平移和旋转，方便用户进行查看，如图 1-107 所示。

项目一　机用虎钳综合项目

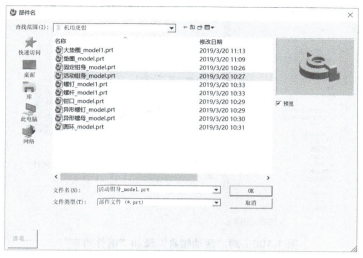

图 1-106　"部件名"对话框

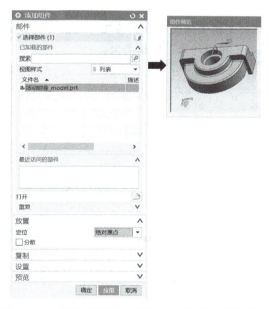

图 1-107　"添加组件"对话框和"组件预览"窗口

（2）选择定位类型　在"添加组件"对话框中的"放置"选项组中设置"定位"类型为"绝对原点"，单击"确定"按钮，进入装配环境。

（3）添加组件约束　在"装配"选项卡中选择"装配约束"命令，弹出"装配约束"对话框。设置"约束类型"为"固定"，在视图区选择刚打开的活动钳身模型为"要约束的几何体"，单击"确定"按钮。对"活动钳身"添加"组件约束"如图 1-108 所示。

3. 装配异形螺钉

（1）添加组件　选择"添加组件"命令，弹出"添加组件"对话框。选择"打开"命令，找到"异形螺钉_model.prt"文件，如图 1-109 所示。

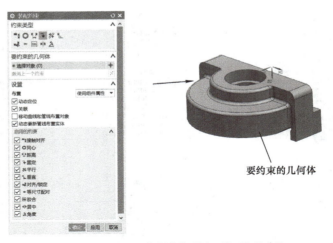

图 1-108 对"活动钳身"添加"组件约束"

（2）选择定位类型　在"放置"选项组中设置"定位"为"根据约束"，如图 1-109 所示。

> **注意**：由于异形螺钉是根据活动钳身上的几何元素（面、棱边、轴线等）为约束参考进行定位的，此时应选择"根据约束"定位类型。

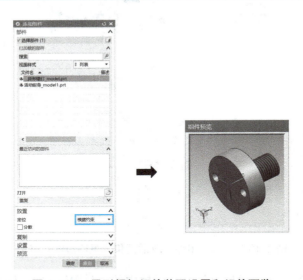

图 1-109 异形螺钉组件装配设置和组件预览

（3）添加组件约束　选择"装配约束" 命令，设置"约束类型"为"接触对齐" ；在"要约束的几何体"选项组中，"方位"类型设置为"首选接触" ，在视图区或"组件预览"窗口中，选择异形螺钉上的表面 A 与活动钳身台阶孔上的表面 B 接触对齐，如图 1-110 所示。添加第二个约束，"约束类型"设置为"接触对齐" ；在"要约束的几何体"选项组中，"方位"类型设置为"自动判断中心 / 轴" ，在视图区或"组件预览"窗口中，选择异形螺钉的中心轴 2 与活动钳身台阶孔的中心轴 1 接触对齐，如图 1-111 所示。

项目一　机用虎钳综合项目

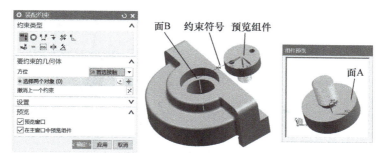

图 1-110　异形螺钉接触对齐设置（一）

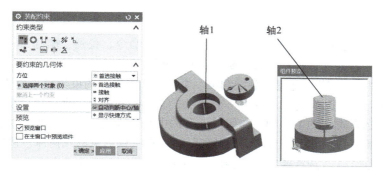

图 1-111　异形螺钉接触对齐设置（二）

4. 装配钳口

（1）添加组件　选择"添加组件" 命令，弹出"添加组件"对话框。选择"打开" 命令，打开"钳口_model1.prt"文件。

（2）选择定位类型　设置"定位"类型为"根据约束"。

（3）添加组件约束　选择"装配约束" 命令，设置"约束类型"为"接触对齐" ；在"要约束的几何体"选项组中，"方位"设置为"首选接触" ，在视图区或"组件预览"窗口中，选择钳口的下表面C与活动钳身钳口位置的侧面D接触对齐，如图1-112所示。添加第二个约束，设置"约束类型"为"接触对齐" ；在"要约束的几何体"选项组中，"方位"设置为"自动判断中心/轴" ，在视图区或"组件预览"窗口中，选择钳口的中心轴3与活动钳身螺纹孔的中心轴4接触对齐，选择钳口的中心轴5与活动钳身螺纹孔的中心轴6接触对齐，如图1-113所示。

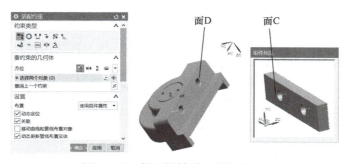

图 1-112　钳口接触对齐设置（一）

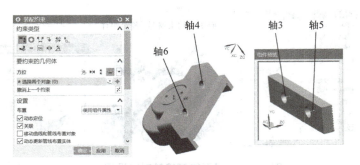

图 1-113 钳口接触对齐设置（二）

5. 装配螺钉

（1）添加组件　选择"添加组件" →"打开" 命令，找到"螺钉_model1.prt"文件。

（2）选择定位类型　设置"定位"为"根据约束"。

（3）添加"组件约束"　选择"装配约束"命令，设置"约束类型"为"接触对齐"；在"要约束的几何体"选项组中，"方位"设置为"自动判断中心/轴"，在视图区或"组件预览"窗口中，选择螺钉的中心轴 7 与钳口上孔的中心轴 8 接触对齐，如图 1-114 所示。添加第二个约束，设置"约束类型"为"接触对齐"；在"要约束的几何体"选项组中，"方位"设置为"首选接触"，选择螺钉的圆锥面 E 与钳口上孔的圆锥面 F 接触对齐，如图 1-115 所示。单击"确定"按钮，完成对螺钉添加组件约束。

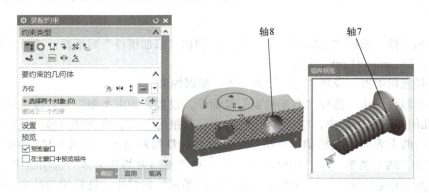

图 1-114 螺钉接触对齐设置（一）

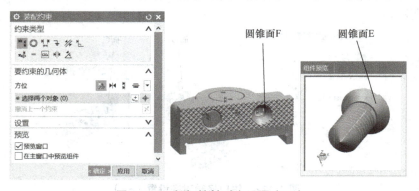

图 1-115 螺钉接触对齐设置（二）

（4）镜像螺钉　镜像螺钉包括通过使用"替换引用集"调入对称面和镜像设置两步。

1）替换引用集。在 UG 工作界面左侧的资源条选项卡中选择"装配导航器" ，选择"钳口_model1.prt"节点，单击鼠标右键，在弹出的下拉菜单中选择"替换引用集"命令，单击鼠标左键，在"替换引用集"下拉菜单中选择"整个部件"命令，引用集的设置过程如图 1-116 所示。

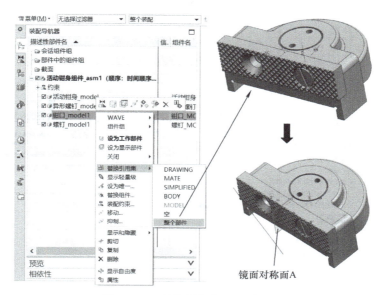

图 1-116　替换引用集显示对称面

> **注意**：用镜像方法装配另一个螺钉之前必须找到镜像的基准面，为了降低计算机的运算量，使用的默认引用集为"MODEL"，即只引用模型，引用"整个部件"是指将建模过程中该部件的所有相关元素都引用到装配环境中，包括草图线、基准平面等，这里将引用集更改为"整个部件"是为了将钳口零件的对称面显示出来。

2）镜像装配螺钉。在"装配"选项卡中选择"镜像装配" 命令，弹出"镜像装配向导"对话框。单击"下一步"按钮，在"镜像装配向导"对话框中提示"希望镜像哪些组件"，在视图区选择装配好的螺钉为"选定的组件"；单击"下一步"按钮，在"镜像装配向导"对话框中提示"希望使用哪个平面作为镜像平面"，在视图区选择钳口上的对称平面 A 为"镜像平面"，如图 1-116 所示；单击"下一步"按钮，在"镜像装配向导"对话框中提示"希望如何命名新部件文件"；单击"下一步"按钮，即使用默认的名称，在"镜像装配向导"对话框中提示"希望使用什么类型的镜像"；单击"下一步"按钮，即使用默认的镜像类型，在"镜像装配向导"对话框中提示"希望定位镜像的实例"；单击"完成"按钮，完成镜像装配螺钉，如图 1-117 所示。

> **注意**：这里介绍的是一种在装配环境中进行镜像装配的方法，同时介绍了引用集的作用和使用方法。对于只有一个零件需要装配的情况，使用"添加约束"更加简单。"镜像装配"命令更适用于有多个零件需要镜像的情况。

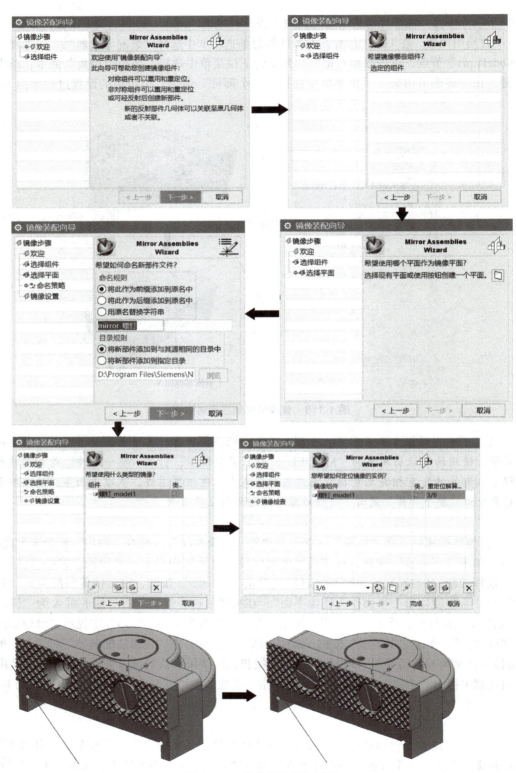

图 1-117 镜像装配螺钉过程

项目一 机用虎钳综合项目

6. 保存文件

选择"文件"→"保存"→"全部保存"命令,即保存所有已修改的部件和所有顶层装配部件,如图 1-118 所示。通常在装配环境中都使用这种保存方法。

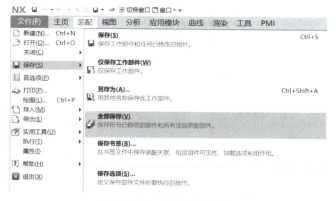

图 1-118 全部保存文件

二、机用虎钳固定钳身组件装配

固定钳身组件包括固定钳身、钳口、两个螺钉、大垫圈、螺杆、异形螺母、小垫圈和圆螺母,固定钳身组件装配效果图如图 1-119 所示。

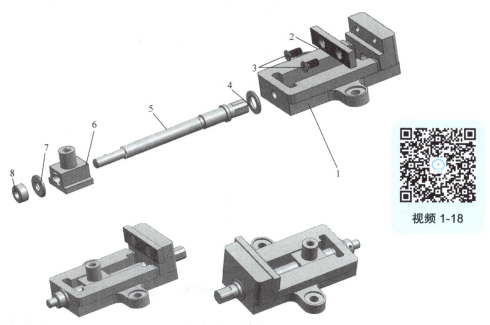

图 1-119 固定钳身组件装配效果图

1—固定钳身 2—钳口 3—螺钉 4—大垫圈 5—螺杆 6—异形螺母 7—小垫圈 8—圆螺母

视频 1-18

1. 新建固定钳身组件文件

选择"文件"→"新建"命令,新建"固定钳身组件_asm1.prt"文件,如图 1-120 所示。

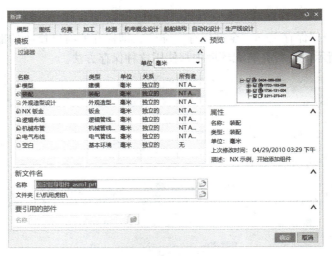

图 1-120　新建固定钳身组件文件

2. 装配固定钳身

（1）添加组件　选择"添加组件" 命令，弹出"添加组件"对话框。选择"打开" 命令，打开"固定钳身_model1.prt"文件，如图 1-121 所示。

（2）选择定位类型　"定位"设置为"绝对原点"，如图 1-121 所示。

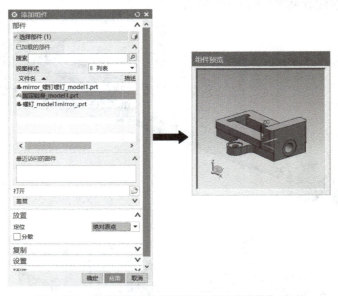

图 1-121　"添加组件"对话框和"组件预览"窗口

（3）添加组件约束　在"装配"选项卡中选择"装配约束" 命令，设置"约束类型"为"固定" ，选择固定钳身模型为"要约束的几何体"，如图 1-122 所示。

3. 装配大垫圈

（1）添加组件　选择"添加组件" 命令，弹出"添加组件"对话框。选择"打开" 命令，打开"大垫圈_model1.prt"文件。

项目一　机用虎钳综合项目

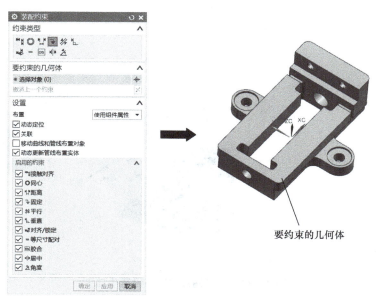

图 1-122　对固定钳身添加组件约束

（2）选择定位类型　"定位"设置为"根据约束"。

（3）添加组件约束　选择"装配"选项卡中的"装配约束"命令，设置"约束类型"为"接触对齐"；在"要约束的几何体"选项组中，"方位"设置为"首选接触"，在视图区或"组件预览"窗口中，选择大垫圈上的平面 A 与固定钳身台阶孔上的平面 B 接触对齐，如图 1-123 所示。添加第二个约束，设置"约束类型"为"接触对齐"；在"要约束的几何体"选项组中，"方位"设置为"自动判断中心/轴"，在视图区或"组件预览"窗口中，选择大垫圈的中心轴 1 与固定钳身台阶孔的中心轴 2 接触对齐，如图 1-124 所示。

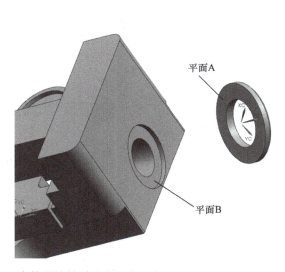

图 1-123　大垫圈接触对齐设置（一）

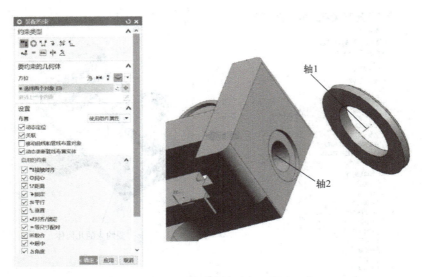

图 1-124　大垫圈接触对齐设置（二）

4. 装配螺杆

（1）添加组件　选择"添加组件" 命令，弹出"添加组件"对话框。选择"打开" 命令，打开"螺杆_model1.prt"文件。

（2）选择定位类型　"定位"设置为"根据约束"。

（3）添加"组件约束"　选择"装配"选项卡中的"装配约束" 命令，设置"约束类型"为"接触对齐" ；在"要约束的几何体"选项组中，"方位"设置为"首选接触" ，在视图区或"组件预览"窗口中，选择螺杆上的平面 A 与大垫圈上的平面 B 接触对齐，如图 1-125 所示。添加第二个约束，设置"约束类型"为"接触对齐" ；在"要约束的几何体"选项组中，"方位"设置为"自动判断中心/轴" ，选择螺杆的中心轴 1 与大垫圈的中心轴 2 接触对齐，如图 1-126 所示。

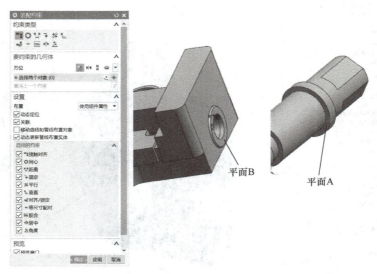

图 1-125　螺杆接触对齐设置（一）

项目一 机用虎钳综合项目

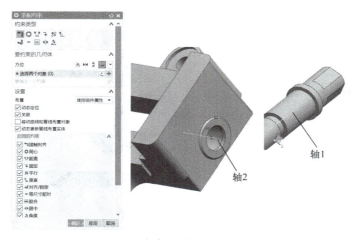

图 1-126 螺杆接触对齐设置（二）

5. 装配异形螺母

（1）添加组件 选择"添加组件"命令，弹出"添加组件"对话框。选择"打开"命令，打开"异形螺母_model1.prt"文件。

（2）选择定位类型 "定位"设置为"根据约束"。

（3）添加组件约束 选择"装配"选项卡中的"装配约束"命令，设置"约束类型"为"接触对齐"；在"要约束的几何体"选项组中，"方位"设置为"自动判断中心/轴"，选择异形螺母上螺纹孔的中心轴 1 与螺杆的中心轴 2 接触对齐，如图 1-127 所示。添加第二个约束，设置"约束类型"为"接触对齐"；在"要约束的几何体"选项组中，"方位"设置为"首选接触"，选择异形螺母侧平面 A 与固定钳身工字型槽侧平面 B 接触对齐，如图 1-128 所示。添加第三个约束，设置"约束类型"为"距离"；在"要约束的几何体"选项组中，选择异形螺母左侧平面 C 与固定钳身左侧平面 D；在"距离"选项组中，输入"距离"为"30mm"（即异形螺母左侧平面 C 与固定钳身左侧平面 D 距离为 30mm），如图 1-129 所示。单击"确定"按钮，完成对异形螺母添加组件约束。

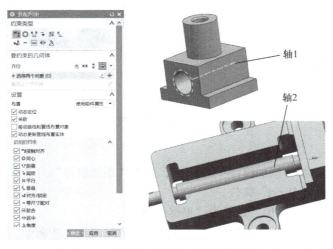

图 1-127 异形螺母接触对齐的设置（一）

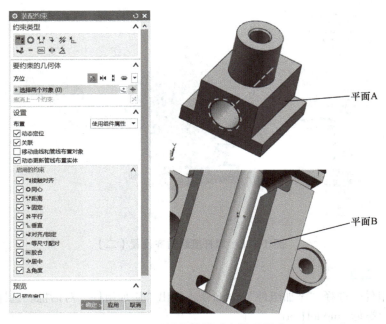

图 1-128 异形螺母接触对齐的设置（二）

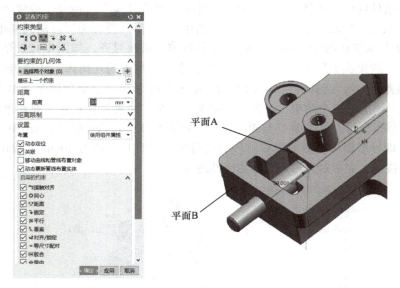

图 1-129 异形螺母距离约束的设置

6. 装配小垫圈

（1）添加组件　选择"添加组件" 命令，弹出"添加组件"对话框。选择"打开" 命令，打开"小垫圈_model1.prt"文件。

（2）选择定位类型　"定位"设置为"根据约束"。

（3）添加组件约束　在"装配"选项卡中选择"装配约束" 命令，设置"约束类型"为"接触对齐" ；在"要约束的几何体"选项组中，"方位"设置为"自动判断中心/轴" ，选择小垫圈的中心轴1与螺杆的中心轴2接触对齐。添加第二个约束,设置"约束类型"为"接触对齐";在"要约束的几何体"选项组中,"方位"设置为"首选接触",选择小垫圈侧平面A与固定钳身左侧平面B接触对齐,单击"确定"按钮。对小垫圈添加组件约束如图1-130所示。

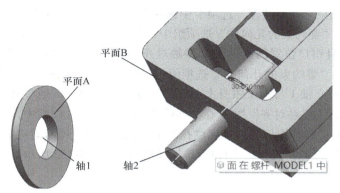

图1-130 对小垫圈添加组件约束

7. 装配圆螺母

(1)添加组件 选择"添加组件"命令,弹出"添加组件"对话框。选择"打开"命令,打开"圆螺母_model1.prt"文件。

(2)选择定位类型 "定位"设置为"根据约束"。

(3)添加组件约束 在"装配"选项卡中选择"装配约束"命令,设置"约束类型"为"接触对齐";在"要约束的几何体"选项组中,"方位"设置为"首选接触",选择圆螺母侧面A与小垫圈左侧平面B接触对齐。添加第二个约束,设置"约束类型"为"接触对齐";在"要约束的几何体"选项组中,"方位"设置为"自动判断中心/轴",选择圆螺母销孔的中心轴1与螺杆销孔的中心轴2接触对齐。添加第三个约束,设置"约束类型"为"接触对齐";在"要约束的几何体"选项组中,"方位"设置为"自动判断中心/轴",选择圆螺母的中心轴3与螺杆的中心轴4接触对齐,单击"确定"按钮。对圆螺母添加组件约束如图1-131所示。

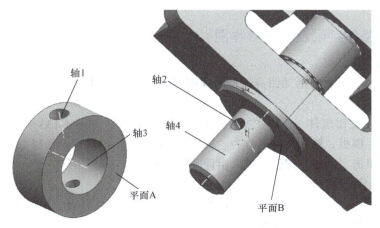

图1-131 对圆螺母添加组件约束

8. 装配钳口

（1）添加组件　选择"添加组件"命令，弹出"添加组件"对话框。选择"打开"命令，打开"钳口_model1.prt"文件。

（2）选择定位类型　"定位"设置为"根据约束"。

（3）添加组件约束　在"装配"选项卡中选择"装配约束"命令，设置"约束类型"为"接触对齐"；在"要约束的几何体"选项组中，"方位"设置为"首选接触"，选择钳口侧平面A与固定钳身钳口位置的侧平面B接触对齐。添加第二个约束，设置"约束类型"为"接触对齐"；在"要约束的几何体"选项组中，"方位"设置为"自动判断中心/轴"，选择钳口螺纹孔的中心轴1与固定钳身上对应螺纹孔的中心轴2接触对齐。添加第三个约束，设置"约束类型"为"接触对齐"；在"要约束的几何体"选项组中，"方位"设置为"自动判断中心/轴"，选择钳口另一个螺纹孔的中心轴3与固定钳身对应的另一螺纹孔的中心轴4接触对齐，单击"确定"按钮。对钳口添加组件约束如图1-132所示。

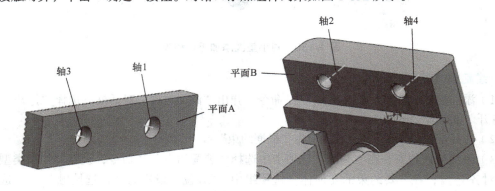

图1-132　对钳口添加组件约束

9. 装配螺钉

螺钉的装配方法与活动钳身上螺钉的装配方法一致，不再叙述。

10. 保存文件

选择"文件"→"保存"→"全部保存"命令，即保存所有已修改的部件和所有顶层装配部件。

三、机用虎钳整体装配及创建爆炸图

1. 机用虎钳整体装配

机用虎钳整体装配是将活动钳身组件与固定钳身组件装配到一起。具体的装配操作过程如下。

（1）新建机用虎钳组件　选择"文件"→"新建"命令，如图1-133所示。选择"装配"模板，输入文件名称为"机用虎钳组件_asm1.prt"，选择"机用虎钳"文件夹作为工作目录，单击"确定"按钮，进入组件装配环境。

（2）添加固定钳身组件

1）添加组件。选择"添加组件"命令，弹出"添加组件"对话框。选择"打开"命令，打开"固定钳身组件_model1.prt"文件。

视频1-19

项目一　机用虎钳综合项目

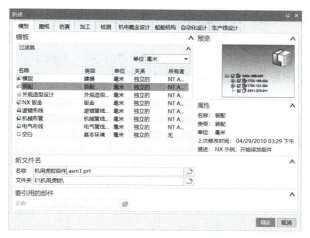

图 1-133　新建机用虎钳组件

2）选择定位类型。"定位"设置为"绝对原点"。

3）添加组件约束。在"装配"选项卡中选择"装配约束"命令，设置"约束类型"为"固定"，选择固定钳身组件为"要约束的几何体"，如图 1-134 所示。

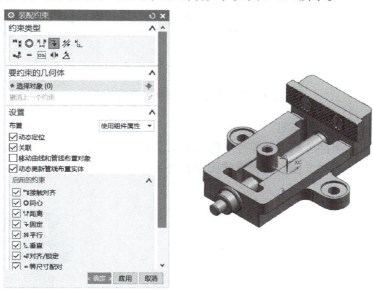

图 1-134　对固定钳身组件添加约束

（3）添加活动钳身组件

1）添加组件。选择"添加组件"命令，弹出"添加组件"对话框。选择"打开"命令，打开"活动钳身组件_model1.prt"文件。

2）选择定位类型。"定位"设置为"根据约束"。

3）添加组件约束。在"装配"选项卡中选择"装配约束"命令，设置"约束类型"为"接触对齐"；在"要约束的几何体"选项组中，"方位"设置为"自动判断中心/轴"，选择活动钳身组件上的阶梯孔中心轴 1 与固定钳身组件上异形螺母的中心轴 2 接触对齐。添加第二个约束，设置"约束类型"为"接触对齐"；在"要约束的几何体"选项组中，"方位"设置为"首选接触"，选择活动钳身组件上侧平面 A 与固定钳身组件上的侧平面 B 接触对齐。添加第三个约束，设置"约束类型"为"接触对齐"；在"要约束的几何体"选项组中，"方位"设置为"首选接触"，选择活动钳身组件上侧平面 C 与固定钳身组件上的侧平面 D 接触对齐，单击"确定"按钮，如图 1-135 所示。

（4）保存机用虎钳组件　选择"文件"→"保存"→"全部保存"命令。

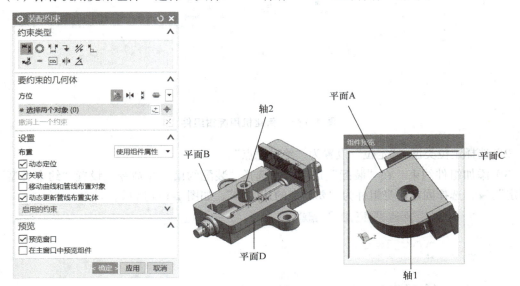

图 1-135　添加活动钳身组件的约束

2. 创建机用虎钳装配爆炸图

为了更好地表达组件装配后各零件之间的关系，常采用爆炸图的形式。机用虎钳生成爆炸图一般包括三步：创建爆炸图，编辑爆炸图位置关系，最后添加追踪线。图 1-136 所示为机用虎钳爆炸图。

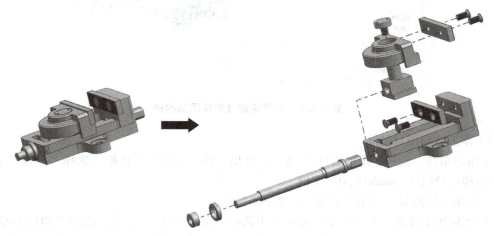

图 1-136　机用虎钳爆炸图

（1）打开组件文件 选择"文件"→"打开"命令，如图 1-137 所示，选择"机用虎钳组件 _asm1.prt"文件，单击"OK"按钮。

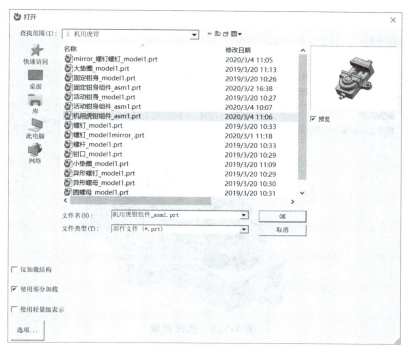

图 1-137 打开组件文件

（2）创建爆炸图 选择"装配"选项卡中的"爆炸图"→"新建爆炸"命令，弹出"新建爆炸"对话框。在"名称"文本框中输入"机用虎钳爆炸图"，单击"确定"按钮，如图 1-138 所示。

图 1-138 创建爆炸图

（3）编辑爆炸图

1）选择对象。选择"装配"选项卡中的"爆炸图"→"编辑爆炸"命令，在"编辑爆炸"对话框中单击"选择对象"单选框，在视图区选择活动钳身组件的所有零件，包括活动钳身、钳口、异形螺钉、两个螺钉，如图 1-139 所示。

> **注意**：在视图区选择要移动的对象，可以通过单击鼠标左键多选，被选中的零件将同时一起移动，若选错了需要单个取消选择零件时，可以按住 <Shift> 键的同时选择要取消选择的零件，即可取消选择。

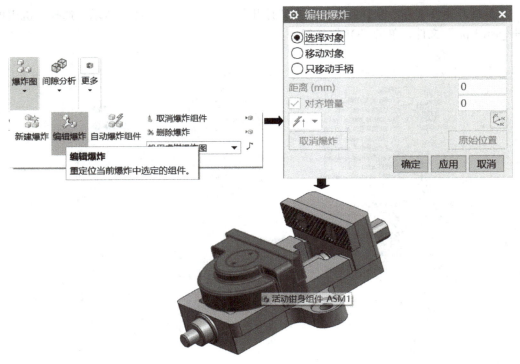

图 1-139　选择对象

2）移动对象。在"编辑爆炸"对话框中选择"移动对象"单选框,在视图区中的活动钳身组件上会显示"移动参考坐标系"图标,在坐标系 Z 轴箭头上单击并拖拽鼠标把活动钳身组件拖拽到适当的位置,如图 1-140 所示。

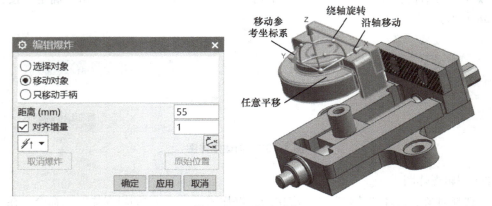

图 1-140　移动对象

⚠️注意:

1）单击并拖拽移动参考坐标系中 X、Y、Z 三根坐标轴上的控制箭头,可以使"选择对象"沿对应坐标轴方向进行移动;单击并拖拽移动参考坐标系中 X、Y、Z 三根坐标轴间的控制球,可以旋转"选择对象";单击并拖拽移动参考坐标系原点上的大圆球,可以在视图区任意平移"选择对象",如图 1-140 所示。

2)"编辑爆炸"对话框中的"距离（mm）"表示所选对象移动的距离，距离值可以通过拖动对象来控制，也可以先通过在视图区单击控制箭头再输入具体数值来控制。例如：单击移动参考坐标系中的Z轴，再在"编辑爆炸"对话框中的"距离"文本框中输入"55"，活动钳身组件将沿Z轴移动55mm如图1-140所示。

如果需要选择对象进行旋转，单击视图区中坐标系上的控制球进行操作。

3)重复使用上一步骤中的方法，编辑机用虎钳组件中的所有零件位置，单击"确定"按钮，退出编辑爆炸视图。爆炸图一般需要表达零件之间的装配位置关系，通常要保证同一轴线上的零件爆炸后间距相等、轴线仍保持对齐，爆炸效果如图1-141所示。

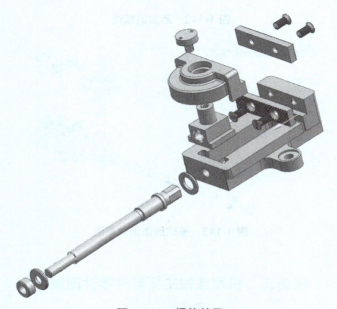

图 1-141　爆炸效果

3. 添加追踪线

选择"装配"选项卡中的"爆炸图" → "追踪线"命令，弹出"追踪线"对话框，如图1-142a所示，以添加螺钉与钳口上螺纹孔间的追踪线为例设置对话框。在"起始"选项组中，选择视图区中的螺钉中心轴上的任意一点为"指定点"；在"终止"选项组中，选择钳口螺纹孔中心轴上的任意一点为"指定点"。

> 📝 提示：此时，系统会自动生成追踪线，通过"追踪线"对话框中的"反向"命令可以改变追踪线的方向，通过拖拽视图区的调整箭头可以改变追踪线的位置，最终得到满意的追踪线，如图1-142b所示。

重复以上步骤，在需要添加追踪线的位置添加追踪线，以更好地表达零件的装配关系，如图1-143所示。

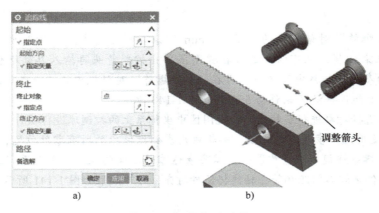

图 1-142　添加追踪线

图 1-143　追踪线添加效果图

任务三　机用虎钳主要零件零件图输出

任务描述：零件图输出是 CAD 软件根据已有的三维模型生成标准工程图的过程，在 UG 制图模块中，三维模型的文件类型可以是".prt"格式，也可以是".igs"".step"等导入文件的通用格式。UG 零件图模块功能包括创建图纸和各种视图，插入标题栏和技术要求，以及标注尺寸和几何公差等。UG 利用单一数据库，在三维模型上的更改会随之反映到零件图中。同时，制图环境中还提供了标准化工具、制图工具、尺寸快速格式化工具这三大"GC 工具箱"，并可将其引入装配工程图中，在装配工程图中可自动生成装配明细表，并能对轴测图进行剖切。工业产品需要将零件图、装配图等工程图作为设计和生产加工的依据。只有标准化的工程图才能符合智能制造的要求。

在本任务中学习 UG 制图模块的功能和使用方法。利用 UG 软件完成异形螺母、活动钳身和固定钳身零件图的输出。零件图结构要完整，包括图框、视图、标题栏、技术要求、尺寸标注以及公差等要素。

任务要求：

1）掌握制图模块创建视图的方法，包括基本视图、全剖视图、半剖视图、局部剖视图、草图视图等。

2）掌握标注工具的使用方法，包括尺寸标注、尺寸公差、几何公差等。
3）掌握图纸模板的调用和编辑方法，包括创建图框、标题栏、技术要求等。

一、异形螺母零件图输出

异形螺母是连接固定钳身、活动钳身以及螺杆的重要零件，其三维模型如图 1-144 所示。异形螺母结构对称，且内部包括矩形螺纹通孔和普通螺纹盲孔。所以需要用全剖视图表达内部结构，左视图表达外部结构，局部放大图表达矩形螺纹结构。根据机械制图国家标准，螺纹部分要用简化画法，特殊螺纹尺寸需要局部放大表示。另外，异形螺母是机用虎钳的重要传动件，其配合面精度要求较高，所以零件图要表示尺寸公差和表面粗糙度，零件图如图 1-145 所示。

视频 1-20

图 1-144 异形螺母三维模型

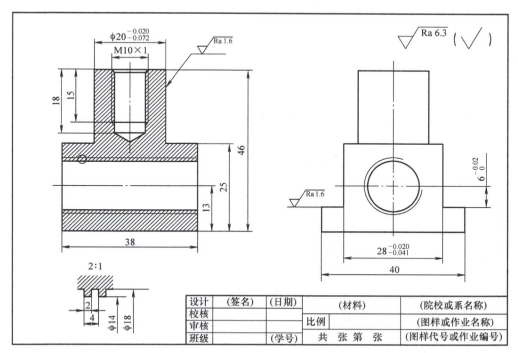

图 1-145 异形螺母零件图

异形螺母零件图输出过程如下。

创建零件图之前，先创建图纸模板以方便调用，虽然系统提供了部分图纸模板，但是系统提供的模板是固定的,有时无法满足用户要求,修改和编辑也比较麻烦。为了更方便调用符合用户需求且统一的图纸模板,用户可以将制作好的图框和标题栏保存成模板,方便以后调用,这样可以省去大量创建图纸页、图框和标题栏等的时间,同时还可以实现图纸的统一。

1. 新建模板文件

选择"文件"→"新建"命令,选择"模型"模板,输入文件名称为"A4hengban_model1.prt",选择"机用虎钳"文件夹作为工作目录,如图1-146所示。选择"应用模块"→"制图"(快捷键为<Ctrl+Shift+D>)命令。从"制图"环境切换到"建模"环境的快捷键是<Ctrl+M>。此时,将进入制图环境,如图1-147所示。

> 提示:任务三中讲解的是制图模块,如没有特殊表述,操作环境均为"制图环境"。

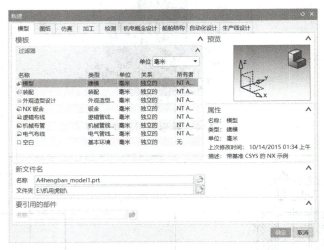

图1-146 "新建"对话框

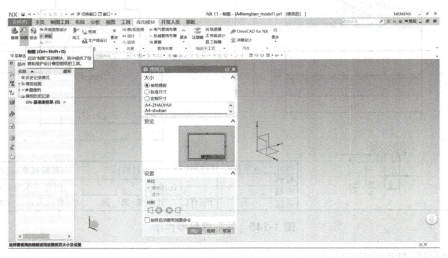

图1-147 进入制图环境

项目一　机用虎钳综合项目

2. 新建图纸页

选择"主页"→"新建图纸页"命令，弹出"图纸页"对话框，如图 1-148 所示。在"大小"选项组中选择"定制尺寸"，输入图纸的"高度"为"210"，"长度"为"297"，"比例"默认为"1∶1"，即 A4 横版标准图纸；输入"图纸页名称"为"SHT1-A4 横版"；"单位"设置为"毫米"，"投影"设置为符合国家标准的"第一角投影"，单击"确定"按钮。

图 1-148　"图纸页"对话框

3. 创建图框和标题栏

（1）创建图框　选择"制图工具"选项卡中的"边界和区域"命令，弹出"边界和区域"对话框。"显示"选项组中的"方法"设置为"标准"；在"边界"选项组中选择"创建边界"复选框，"宽度"输入为"10"，即图框距离纸张边界为 10mm；在"中心标记和定向标记"

选项组中,设置"水平"为"左箭头与右箭头","竖直"为"底部箭头与顶部箭头";取消选择"创建修剪标记"和"创建区域"复选框;在"留边"选项组中,"上""下""左""右"设置为"0",如图 1-149 所示。

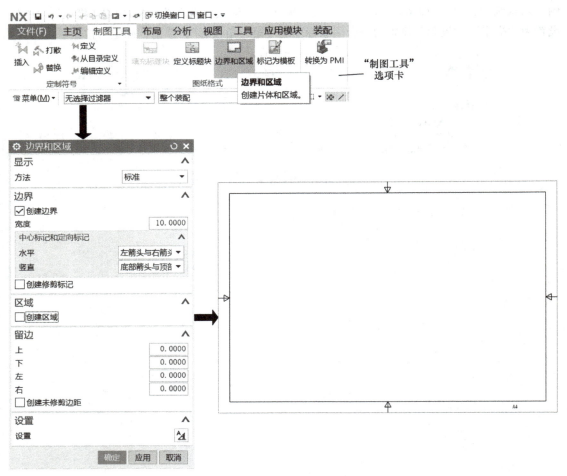

图 1-149 创建图框

(2)创建标题栏

1)创建表格。选择"主页"→"表格注释" 命令,弹出"表格注释"对话框,如图 1-150a 所示。将"对齐"选项组中的"锚点"设置为"右下";在"表大小"选项组中,设置"列数"为"1","行数"为"2","列宽"为"60","行高度"为"9"。单击并拖拽表格,使之右下角点与创建图框的右下角点对齐,单击以放置表格。

> 注意:系统默认的是"自动调整行的大小",不会显示行高文本框,通过"设置" 命令可以修改。选择"表格注释"对话框中的"设置" 命令,将"单元格"选项卡中的"适合方法"选项组中的"自动调整行的大小""自动调整列的大小"取消勾选,如图 1-150b 所示。

项目一 机用虎钳综合项目

图 1-150 创建表格

简化标题栏和明细栏的尺寸如图 1-151 所示。在 UG 中需要根据图 1-151 所示尺寸，分步骤创建表格，直到得到完整的标题栏。

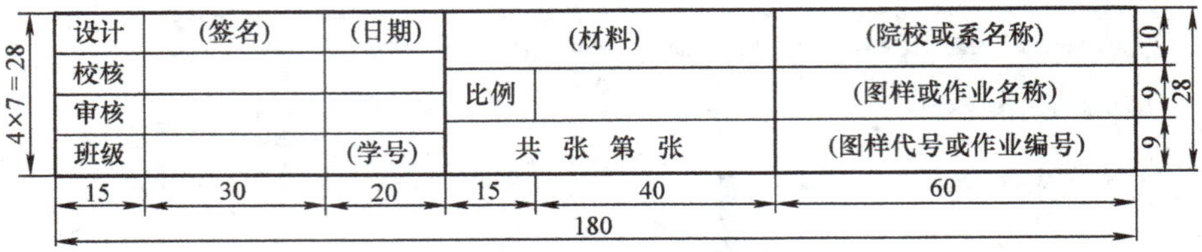

图 1-151　简化标题栏和明细栏的尺寸

2）设置标题栏中文本。双击标题栏中的表格，可以在对应表格中输入文本，如图 1-152a 所示。单击需要编辑文本样式的表格，选择"设置"命令，在"文字"选项卡"文本参数"选项组中，设置字体为"仿宋"，"高度"输入为"3.5"，"文本宽高比"输入为"0.7"；在"单元格"选项卡中，设置"文本对齐"为"中心"，如图 1-152b 所示。

> **注意**：当已输入文本，但文本以"#"形式显示时，说明文本格式不对，可以通过"设置"命令改变文本参数为"仿宋"等可以显示汉字的字体样式。

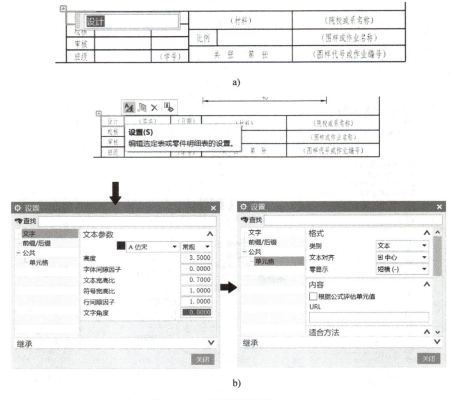

图 1-152　设置标题栏中文本

4. 创建自定义图纸模板

标记为模板。选择"制图工具"→"标记为模板"命令，弹出"标记为模板"对话框。在"操作"选项组中选择"标记为模板并更新 PAX 文件"；在"PAX 文件设置"选项组中"演示名称"输入为"A4hengban","描述"输入为"A4hengban","模板类型"设置为"图纸页",在"PAX 文件"选项中,选择"打开" 命令,选择"D\ProgramFiles\Siemens\UG NX 11.0\LOCALIZATION\prc\simpl_chinese\startup\"作为目录,输入"文件名"为"A4hengban.pax",单击"OK"按钮,再次显示"标记为模板"对话框,单击"确定"按钮。标记为模板的设置过程如图 1-153 所示。选择"文件"→"保存"命令重启 UG 即可。

> **注意:**
> 1)"D\ProgramFiles\Siemens"为 UG 的安装目录,如果用户的安装目录不同,则必须选择自己的安装目录。
> 2)"UG NX 11.0\LOCALIZATION\prc\simpl_chinese\startup"为 UG 制图模板源文件目录,因此,自定义的"PAX 文件"也必须存放到这个目录中。
> 3)"A4hengban.pax"为"PAX 文件"的名称。模板必须在重启 UG 后才能生效。

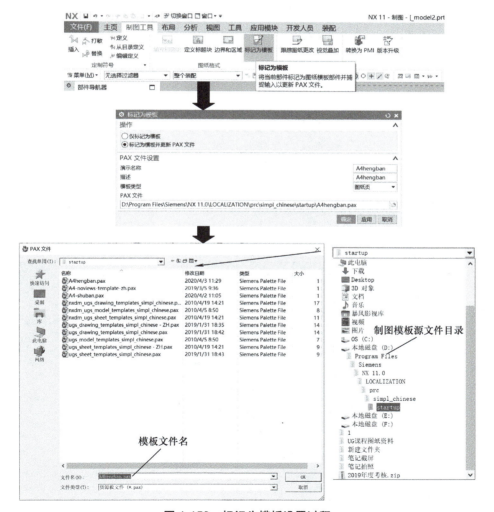

图 1-153 标记为模板设置过程

5. 进入制图环境并调用模板

（1）打开文件 选择"文件"→"打开"命令，如图1-154所示。选择"异形螺母_model1.prt"文件，或按快捷键<Ctrl+Shift+D>进入制图环境，如图1-155所示。

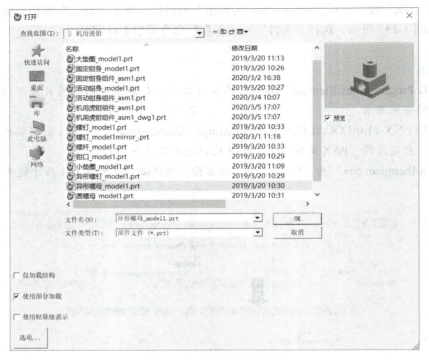

图1-154 "打开"对话框

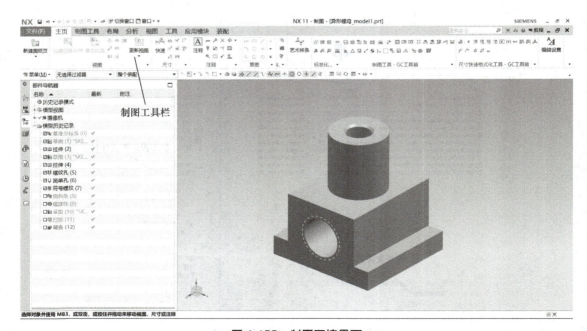

图1-155 制图环境界面

（2）调用自定义模板　选择"主页"→"新建图纸页"命令，在"大小"选项组中选择"使用模板"，其下方将显示可使用的模板，选择"A4hengban"，如图 1-156 所示。

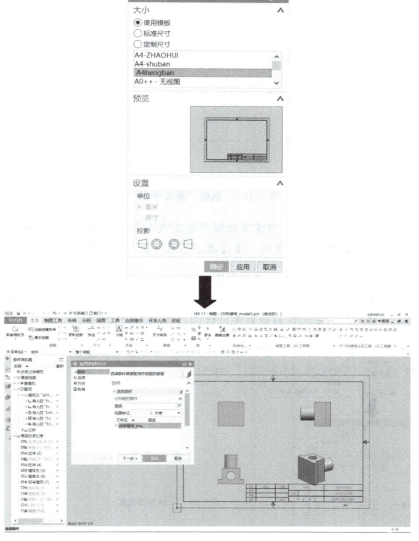

图 1-156　调用自定义模板

> 提示：本节中介绍的是一种自定义模板的操作方法，用户也可以直接调用软件自带的标准模板，关于新建图纸文件以及调用标准模板的相关基础知识查看技能储备中的"十四、新建图纸文件"。

6. 创建视图

（1）基本视图　选择"主页"→"基本视图"命令，在弹出的"基本视图"对话框中的"模型视图"选项组中，设置"要使用的模型视图"为"俯视图"，如图 1-157a 所示。在视图区中图 1-157b 所示的位置单击以放置视图。

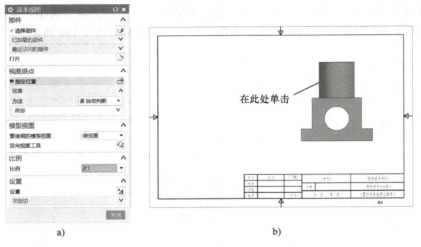

图 1-157 创建"基本视图"

> **注意**：基本视图可以用来创建其他投影视图或剖视图，基本视图不一定每次都是俯视图。基本视图是不需要剖切的视图，常使用"基本视图" 命令创建"父视图"。

（2）全剖视图　选择"主页"→"剖视图" 命令，弹出"剖视图"对话框。"方法"设置为"简单剖/阶梯剖"，在视图区选择左视图的对称轴1上的任意一点为"截面线段"，单击拖动投影视图，并移动到合适的位置放置全剖视图，如图1-158所示。

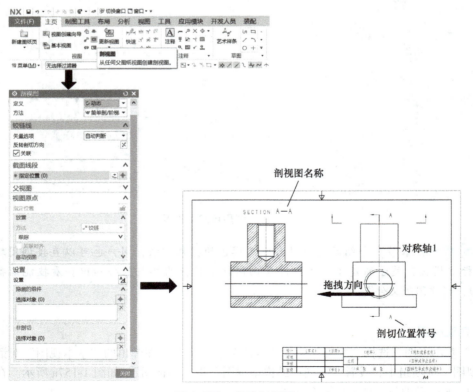

图 1-158 创建剖视图

> 🔔 **注意：**
> 1）单击视图的图框并拖拽可以实现对视图位置的平移。
> 2）创建各种类型的剖视图或投影视图时，会自动生成剖切位置符号、剖视图或投影视图名称，如图 1-159 中的"A""SECTION A—A"以及剖切位置的箭头。相关国家标准规定，有明确的投影关系时这些符号和文本等不需要标出，但在 UG 中这些符号和文本等不能删除，只能用快捷键 <Ctrl+B> 进行隐藏。

（3）草绘视图　在 UG 中，某些特殊视图不能通过投影完成，可以通过草图工具完成视图的绘制。创建异形螺母矩形螺纹局部放大视图的具体方法如下。

1）创建草图。选择"主页"→"轮廓线"命令，进入草绘环境。根据异形螺母零件图尺寸绘制草图，如图 1-159 所示。

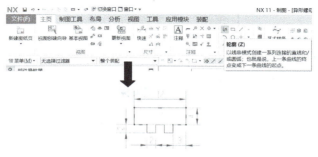

图 1-159　创建草图

2）创建剖面线。选择"主页"→"剖面线"命令，弹出"剖面线"对话框。在"边界"选项组中，设置"选择模式"为"区域中的点"，在视图区中，单击图 1-159 所示草图区域中的任意一点；在"设置"选项组中，设置"断面线定义"为"xhatch.chx"，"图样"为"铁/通用"，"距离"为"1"，"角度"为"45"，"宽度"为"0.13"，如图 1-160 所示。

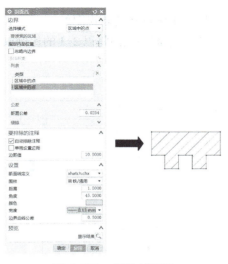

图 1-160　创建剖面线

3）隐藏草图边界。在图 1-161 所示草图上选择上方多余线条，按隐藏快捷键 <Ctrl+B>，再单击"主页"选项卡中的"完成草图" 按钮。

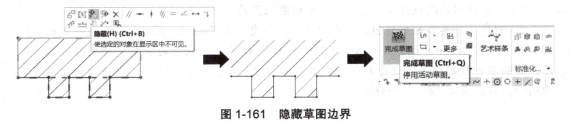

图 1-161　隐藏草图边界

4）移至新视图。选择"菜单"→"编辑"→"视图"→"移至新视图"命令，弹出"移至新视图"对话框。选择刚绘制的草图为"视图内容"，如图 1-162 所示。

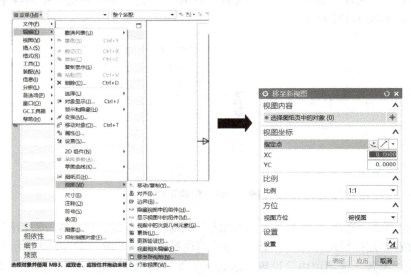

图 1-162　移至新视图

5）设置视图比例。在视图区双击刚创建的新视图外框，弹出"设置"对话框。在"常规"选项卡中，设置"比例"为"2∶1"，草图的视图将以 2∶1 的比例放大显示，单击"确定"按钮，操作过程如图 1-163 所示。

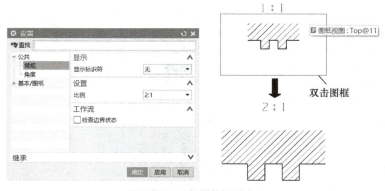

图 1-163　设置视图比例

6）注释视图。选择"主页"→"注释"命令，在"文本输入"选项组中的文本框中输入"2∶1"，在视图上方单击放置，再单击"确定"按钮，操作过程如图1-164所示。

图1-164　注释视图

🔔**注意**：创建好所有视图后，需要对视图进行整理。通过快捷键<Ctrl+B>隐藏不必要的剖切符号、视图名称等，效果如图1-165所示。

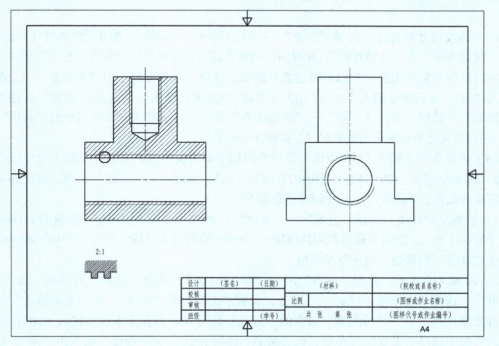

图1-165　视图创建效果

7. 尺寸标注

尺寸标注包括基本尺寸、公差尺寸、螺纹、表面粗糙度、注释等的标注。

（1）基本尺寸标注　基本尺寸是指没有尺寸公差、前缀和后缀等内容的尺寸。选择"主页"→"快速尺寸" 命令，弹出"快速尺寸"对话框。设置"测量方法"为"自动判断"，在视图区域选择需要标注的几何元素为"参考"项，如图1-166a所示。在需要放置尺寸的位置单击放置尺寸，重复以上操作，根据异形螺母零件图（图1-145）标注所有基本尺寸，标注效果如图1-166b所示。

> **注意：**
> 1）"测量方法"有"自动判断""水平""竖直"等9种，一般使用"自动判断"可以满足大部分标注要求，用户也可以根据需要选择其他测量方法。
> 2）尺寸标注的参考几何元素可以是点、轮廓线、轴线等，根据需要选择几何元素。

（2）带公差尺寸的标注　选择"主页"→"快速尺寸" 命令，弹出"快速尺寸"对话框。设置"测量方法"为"圆柱式"（选择"圆柱式"会在尺寸前自动出现 ϕ 符号）；在视图区域选择需要标注的几何元素为"参考"项，鼠标光标在空白处停留一会，弹出公差和前后缀设置对话框。设置"公差类型"为"双向公差" ，输入下偏差为"-0.072"，上偏差为"0.020"，在需要放置尺寸的位置单击放置尺寸，如图1-167a所示。

> **注意：** 用同样的方法标注其他带有公差和前后缀的尺寸，如果尺寸前面没有 ϕ 符号，"测量方法"不选择"圆柱式"，如图1-167b所示。

（3）螺纹尺寸的标注　选择"主页"→"快速尺寸" 命令，弹出"快速尺寸"对话框。设置"测量方法"为"自动判断"；在视图区域选择需要标注的几何元素为"参考"项，鼠标光标在空白处停留后弹出公差和前后缀设置对话框。设置"公差类型"为"无公差" ，在前缀处输入"M"，在后缀处输入"X1"（用大写字母"X"来代替乘号），选择"设置" 命令，弹出"设置"对话框。选择"文本"→"附加文本"命令，将"格式"选项组中的"高度"改为"5"，在视图区适当位置单击放置尺寸，如图1-168所示。

（4）单箭头尺寸标注　UG中没有提供专门用于单箭头标注的命令，单箭头尺寸可以使用"注释" 命令完成。制图环境中提供的草图命令包括"直线" 、"圆" 等，可以补充制图环境需要的元素。单箭头尺寸标注创建过程如下。

1）绘制尺寸界线。选择"主页"→"直线" 命令，进入草绘环境，绘制图1-169a所示的尺寸界线1和2，绘制完成后利用快捷键<Ctrl+B>隐藏尺寸界线上的尺寸"10"和"6"，单击"完成草图" 按钮，退出草绘环境。

2）添加尺寸注释。选择"主页"→"注释" 命令，弹出"注释"对话框。在"注释"对话框中，选择"选择终止对象" 命令，设置"类型"为"普通"；在"文本输入"选项组中，首先选择其下方"符号类别"区中的"直径"符号 ，再在文本框中输入"18"；在"设置"选项组中选择"设置" 命令，在"文字"选项卡中，"文字角度"输入为"90"，在视图区适当位置单击放置标注，如图1-169b所示。用同样的方法标注 ϕ14 的单箭头尺寸。

项目一 机用虎钳综合项目

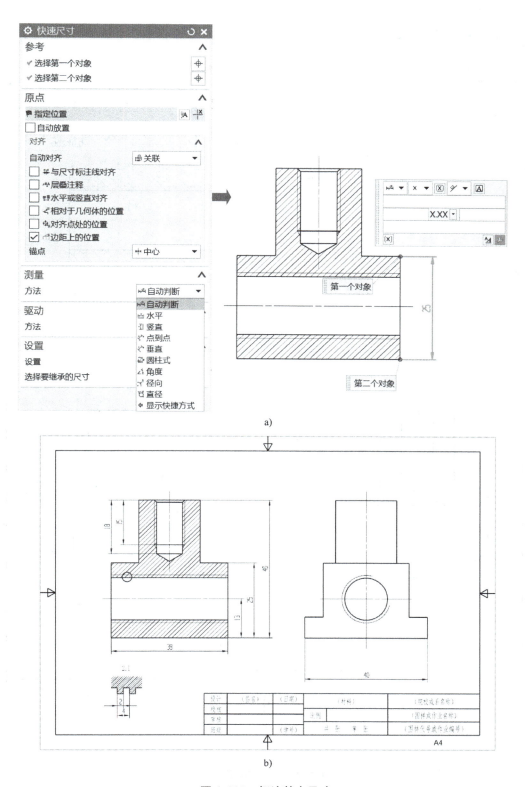

图 1-166 标注基本尺寸

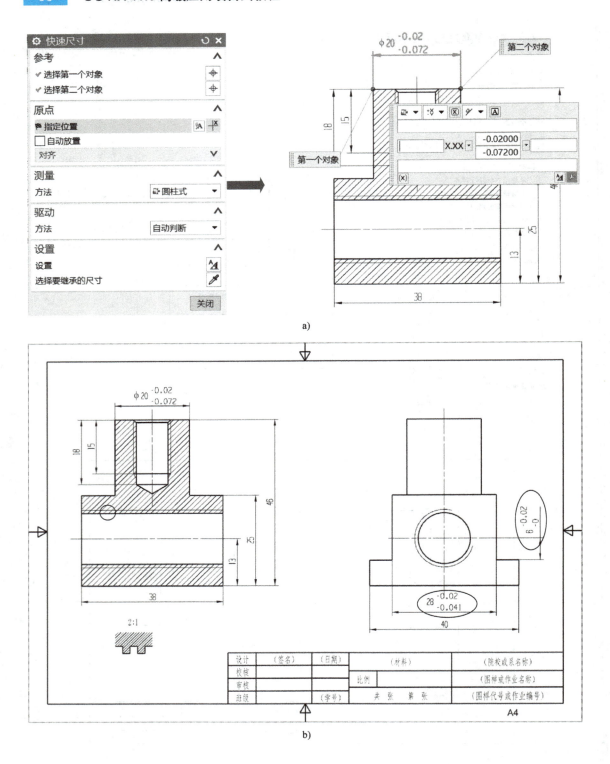

图 1-167　标注带公差的尺寸

项目一 机用虎钳综合项目

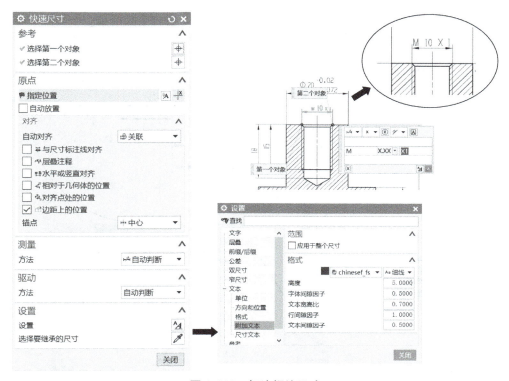

图 1-168 标注螺纹尺寸

（5）表面粗糙度标注 选择"主页"→"表面粗糙度符号"，在"属性"选项组中，设置"材料"为"修饰符，需要除料"，在"波纹"文本框中输入文本"Ra6.3"，单击放置表面粗糙度标注，如图 1-170 所示。用同样的方法标注其他表面粗糙度。

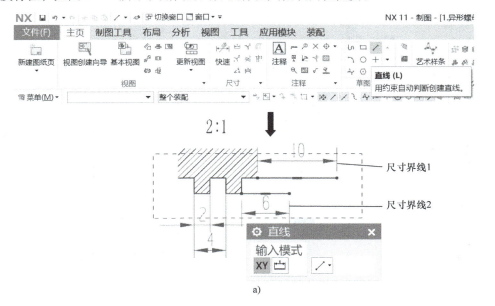

图 1-169 单箭头尺寸标注

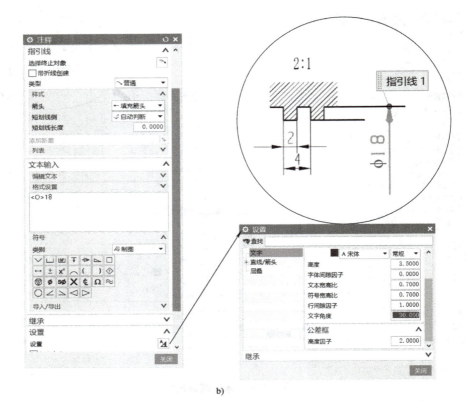

b)

图 1-169　单箭头尺寸标注（续）

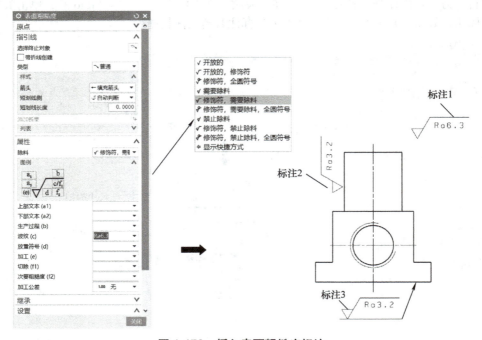

图 1-170　插入表面粗糙度标注

二、活动钳身零件图输出

活动钳身与固定钳身配合,并能沿螺杆轴线方向水平滑动。上方台阶孔用来装配异形螺母以及螺钉。主视图为对称结构,为了将内部的台阶孔表达清楚,采用半剖视图表达;左视图为非对称结构,且内部有结构,所以需要用全剖视图表达;俯视图中的螺纹孔需要采用局部剖视图。另外,其配合精度要求较高的表面,在零件图中要有配合尺寸公差标注以及表面粗糙度标注。零件图如图 1-171 所示。

视频 1-21

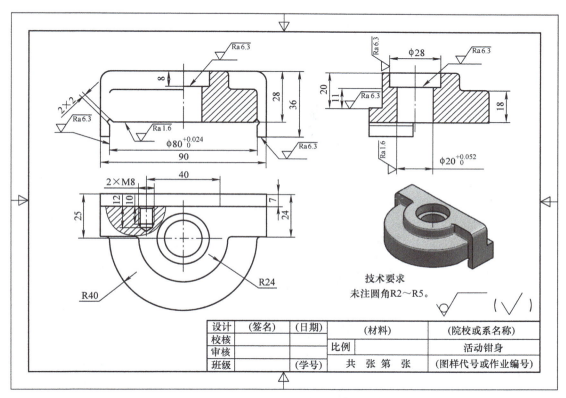

图 1-171 活动钳身零件图

1. 打开文件进入制图环境

在建模环境中,选择"文件"→"打开"命令,选择"活动钳身_model1.prt"文件。选择"应用模块"→"制图"命令,进入制图环境。

2. 调用自定义模板

直接调用前面创建的"A4hengban"模板,也可以调用已有的标准模板。其方法如下。

选择"主页"→"新建图纸页"命令。在"大小"选项组中选择"使用模板",选择"A4hengban",单击"确定"按钮,如图 1-172 所示。

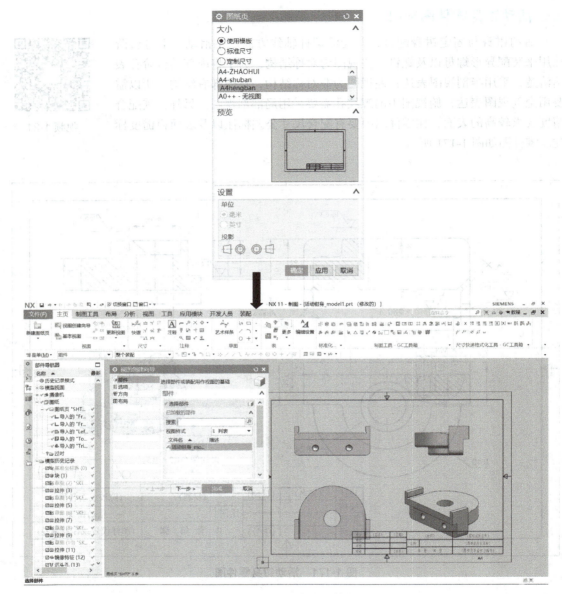

图 1-172　调用自定义模板

3. 创建基本视图

选择"主页"→"基本视图"命令,弹出"基本视图"对话框。设置"模型视图"为"仰视图",其他选项使用默认设置,在图 1-173 所示视图区中的位置单击放置视图,单击"关闭"按钮。

> 注意:在"模型方向"选项中选择哪个视图是由建模坐标系决定的,因此选择的"模型视图"要根据实际需要决定。UG 提供了"主视图""左视图""正等轴侧"等 8 个视图方向,如果提供的视图无法满足要求,可以使用"定向视图工具"命令对视图进行定向。

项目一 机用虎钳综合项目

具体操作方法为：单击"定向视图工具" 命令，弹出"定向视图工具"对话框和"定向视图"预览窗口。在"定向视图"预览窗口中，选择左下角坐标系中的 X 轴作为旋转参考，并在"角度"文本框输入"180"（视图将绕所选坐标轴旋转 180°），单击"定向视图工具"对话框中的"确定"按钮。如果需要摆放一个特定的位置，也可以在"定向视图"预览窗口中按住鼠标滚轮并拖动来改变视图的显示方向，如图 1-174 所示。

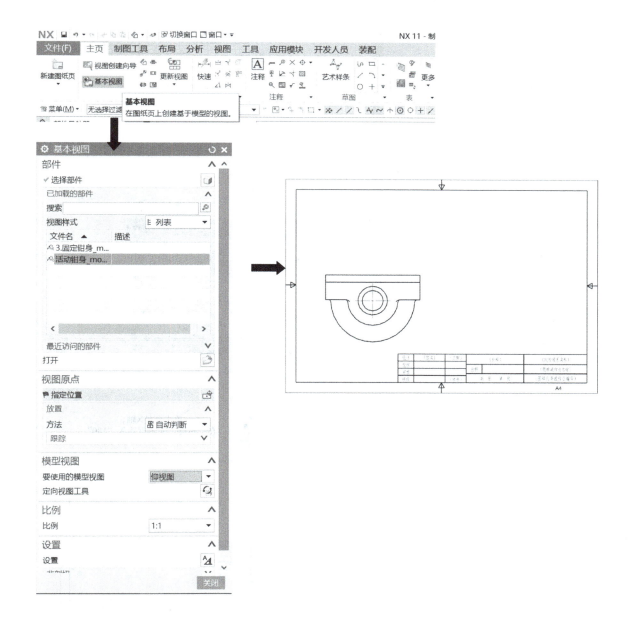

图 1-173　创建活动钳身基本视图

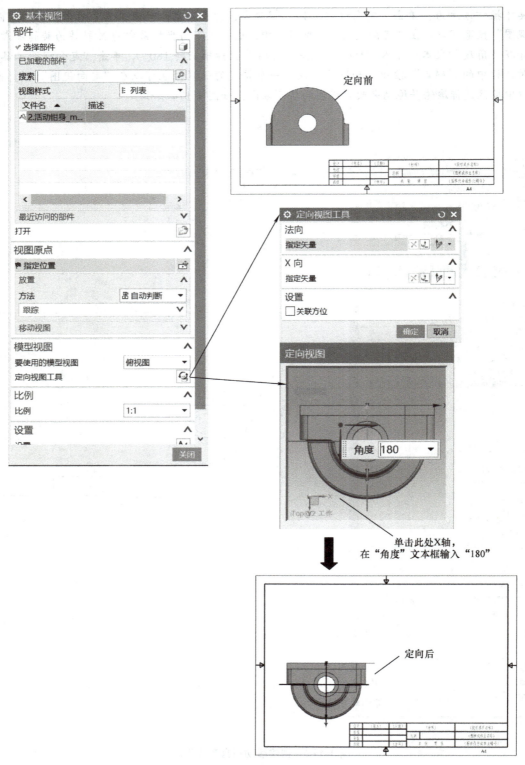

图 1-174　定向视图

4. 创建半剖视图

选择"主页"→"剖视图" 命令，弹出"剖视图"对话框。在"截面线"选项组中，设置"方法"为"半剖"；在视图区单击选择台阶孔圆弧中心 A 和圆弧中点 B 为"截面线段"。向俯视图方向拖拽半剖视图，在适当位置单击放置，如图 1-175 所示。

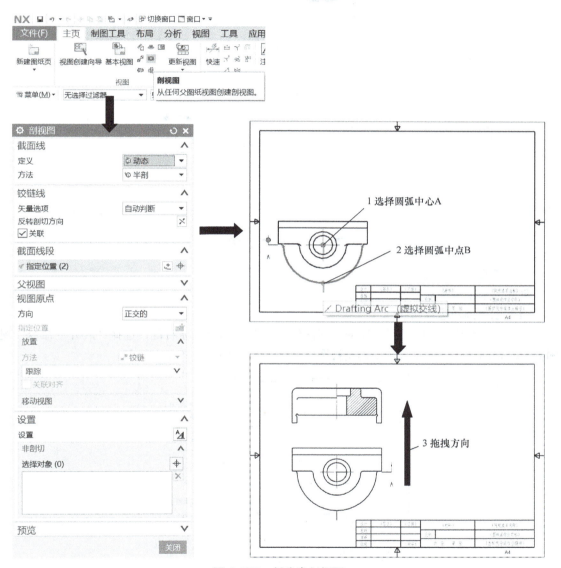

图 1-175　创建半剖视图

5. 创建全剖视图

选择"主页"→"剖视图" 命令，弹出"剖视图"对话框。在"截面线"选项组中，设置"方法"为"简单剖/阶梯剖"；选择主视图对称轴线上任意一点为"截面线段"。向投射方向拖动全剖视图，并在适当位置单击鼠标左键进行放置，如图 1-176 所示。

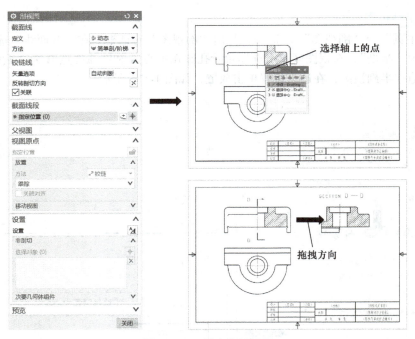

图 1-176 创建全剖视图

6. 创建局部剖视图

创建局部剖视图需要以下 3 步。

（1）创建剖切边界曲线

1）展开视图。选择要创建局部剖视图的俯视图，单击鼠标右键，选择"展开"命令，视图展开后视图区将只显示被选中的俯视图，如图 1-177 所示。

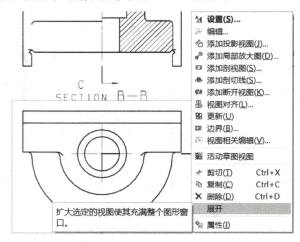

图 1-177 展开视图

2）绘制边界曲线。在俯视图展开的环境下，选择"曲线"下拉菜单中的"艺术样条"命令，绘制"剖切边界"。绘制出大致范围时，在"艺术样条"对话框中的"参数化"选项组中勾选"封闭"复选框，得到封闭的艺术样条曲线，如图 1-178 所示。

> ⚠ **注意**：此处不能使用"草图"中的"艺术样条"命令，其方法是：选择"主页"选项卡，在"命令查找器"文本框中输入"艺术样条"，单击"搜索" 🔍 命令。

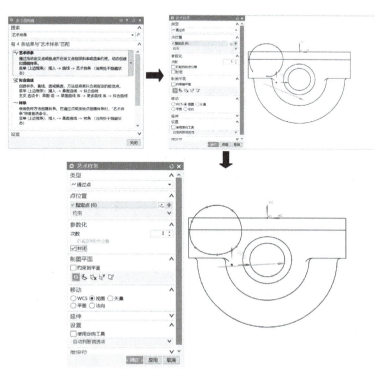

图 1-178 创建"剖切边界"

3）退出视图展开环境。在视图区的空白区域单击鼠标右键，选择"扩大"命令，退出视图扩展环境，如图 1-179 所示。

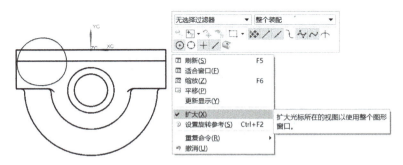

图 1-179 退出视图展开环境

（2）创建剖切面基点 创建辅助基点。按快捷键 <Ctrl+M>，从制图环境切换到建模环境；选择"曲线"→"点"命令，在视图区选择圆弧中心 A，如图 1-180 所示；单击"确定"按钮，再按快捷键 <Ctrl+Shift+D>，切换到制图环境中。

图 1-180　创建参考基点

（3）创建局部剖视图　选择"主页"→"局部剖视图" 命令，弹出"局部剖"对话框，如图 1-181 所示。创建局部剖视图的过程包括 4 个步骤。

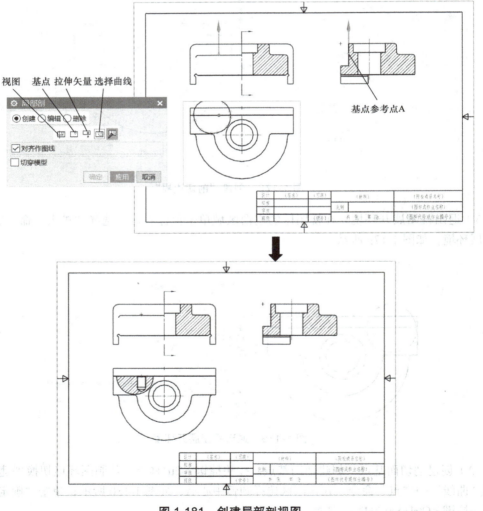

图 1-181　创建局部剖视图

1）选择视图：选择俯视图作为父视图。
2）选择基点：选择刚创建的参考点 A 作为基点。
3）确定拉伸矢量：一般基点选择正确，系统会自动计算出拉伸矢量。
4）选取曲线：在"局部剖"对话框中选择"选择曲线"命令，在展开环境下绘制样条曲线，单击"应用"按钮，关闭"局部剖"对话框。

> **注意**：创建局部剖视图后不会自动显示中心线标记，可以使用"中心标记"下拉菜单中的"2D 中心线"命令创建螺纹孔的中心线。

选择"主页"→"中心标记"→"2D 中心线"命令，设置"类型"为"从曲线"；"第 1 侧"和"第 2 侧"分别在视图区选择图 1-182 所示的螺纹孔中的线 1 和线 2，单击"确定"按钮。

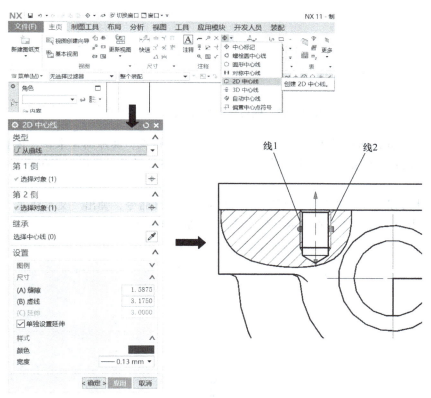

图 1-182　创建中心线标记

7. 创建尺寸标注

按照"一、异形螺母零件图输出"中的方法创建尺寸和注释标注，技术要求的标注可以使用"注释"或"技术要求库"命令，具体操作方法如下。

选择"主页"→"技术要求库"命令弹出"技术要求"对话框。在视图区中，选择图 1-183 所示的点 1 和点 2 为"原点"；在"技术要求库"中，选择"未注参数"中的"未注圆角 R0.5"，并修改为"未注圆角 R2~R5"；在"设置"选项组中，"字体设置"设置为"仿宋"，单击"确定"按钮。

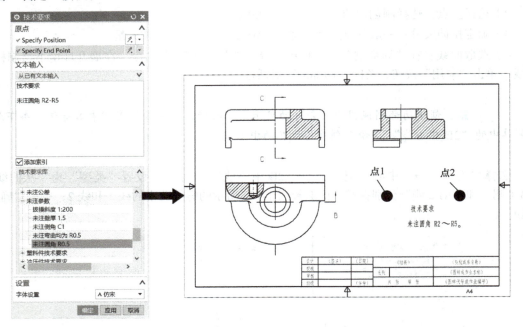

图 1-183　使用技术要求库创建技术要求

> 🔔 **注意**：如果出现技术要求以小方框形式显示的情况，其原因是未在"设置"选项组中将"字体设置"设置为"仿宋"等中文可以显示的字体样式，具体方法如下。

选择技术要求文本，选择"主页"→"文本样式"命令，弹出"文本样式"对话框。在"文字"选项卡中，设置"文本参数"为"仿宋"，如图 1-184 所示。

图 1-184　编辑技术要求文字样式

三、固定钳身轴零件图输出

固定钳身与活动钳身配合，是整个机用虎钳重要组成部分。主视图为非对称结构，为了将内部结构表达清楚，采用全剖视图表达；左视图为对称结构，且内部有结构，用半剖视图表达；俯视图中的螺纹孔结构表达需要采用局部剖视图。另外，其配合精度要求较高的表面，在零件图中要有尺寸公差标注以及表面粗糙度标注。零件图如图1-185所示。

视频 1-22

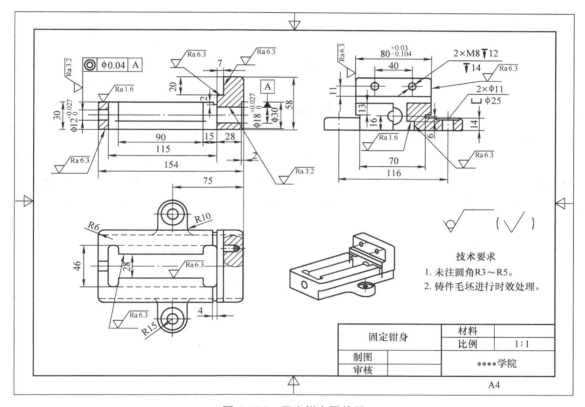

图 1-185　固定钳身零件图

零件图中图纸页、图框、标题栏、尺寸标注和表面粗糙度标注等的创建方法参考"一、异形螺母零件图输出"和"二、活动钳身零件图输出"中的内容。本节主要介绍创建视图、基准符号、几何公差以及一些特殊符号的标注方法。固定钳身零件图输出过程如下。

1. 进入制图环境

在建模环境中选择"打开"命令，打开"固定钳身_model1.prt"文件。选择"应用模块"→"制图"命令，进入制图环境。

2. 调用自定义模板

调用"一、异形螺母零件图输出"中创建的"A4hengban"模板，也可以调用系统自带的标准模板，如图1-186所示。

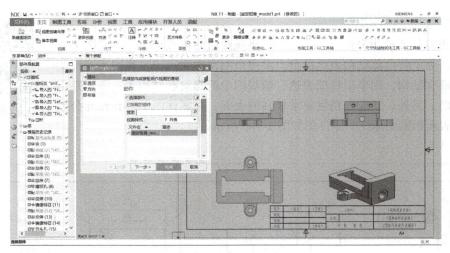

图 1-186 调用自定义模板

3. 创建视图

（1）创建俯视图（基本视图） 选择"主页"→"基本视图"命令，弹出"基本视图"对话框。在"模型视图"选项组中，"要使用的模型视图"设置为"俯视图"，"比例"设置为"1∶2"，其他选项使用默认设置，在图 1-187 所示的视图区位置单击放置视图，单击"关闭"按钮。

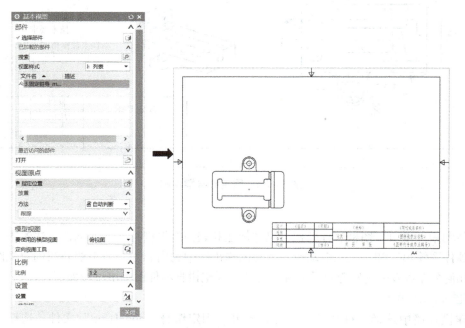

图 1-187 创建固定钳身俯视图（基本视图）

（2）创建主视图（全剖视图） 选择"主页"→"剖视图"命令，弹出"剖视图"对话框。设置"方法"为"简单剖/阶梯剖"；在"截面线段"选项组中，选择视图区中俯视图对称轴线上任意一点单击鼠标左键，沿向投射方向拖动鼠标放置全剖视图，如图 1-188 所示。

项目一　机用虎钳综合项目

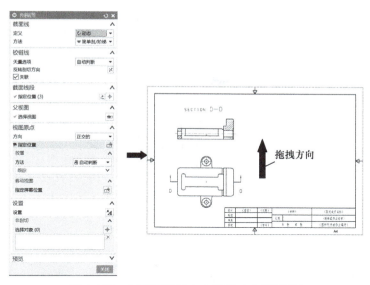

图 1-188　创建固定钳身主视图（全剖视图）

（3）创建左视图（剖切现有视图）　创建左视图的半剖视图时无法直接在主视图上找到"截面线段"参考点，需要先创建投影视图再剖切现有视图。

1）创建投影视图。选择"主页"→"投影视图" 命令，弹出"投影视图"对话框。在视图区选择主视图作为"父视图"，沿投射方向拖动鼠标，并在适当位置单击鼠标左键以放置投影视图，如图 1-189 所示。

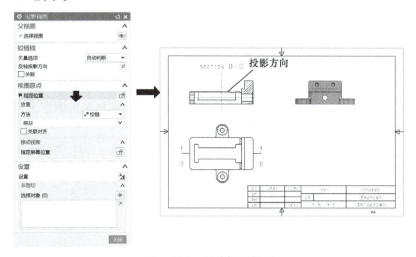

图 1-189　创建投影视图

2）创建模型上的参考点。在建模环境中，选择"曲线"→"点"命令，在视图区选择"固定钳身"左侧的棱边中点，创建参考点 A，如图 1-190a 所示。创建参考点 B，设置"类型"为"两点之间"，在视图区分别选择"固定钳身"两侧耳孔上表面圆心点为"指定点 1"和"指定点 2"，系统将在所选两点的中间创建参考点 B，如图 1-190b 所示。使用快捷键 <Ctrl+Shift+D> 切换回到制图环境。

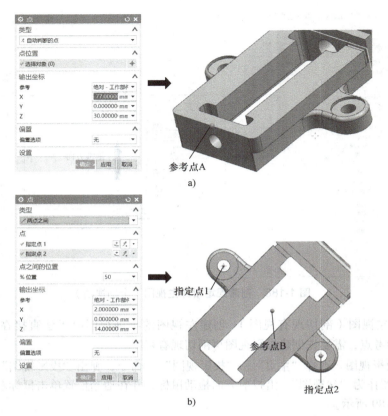

图 1-190 创建参考点

3）创建半剖视图。选择"主页"→"剖视图" 命令，将弹出的"剖视图"对话框拖拽到图 1-191a 所示的左视图的右边；在"截面线段"选项组中，指定剖切位置，在俯视图上选择参考点 A 和 B，水平向右拖拽鼠标，在保证剖切位置和投射方向不变的情况下，将鼠标光标移动到"剖视图"对话框上；设置"方向"为"剖切现有的"；选择左视图单击鼠标左键，完成对左视图的剖切，单击"关闭"按钮，如图 1-191b 所示。

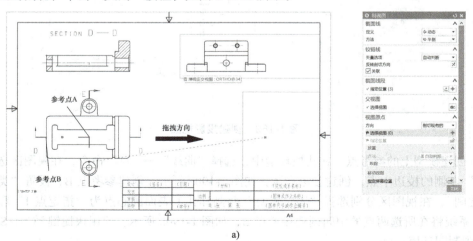

图 1-191 创建半剖视图 - 剖切现有视图

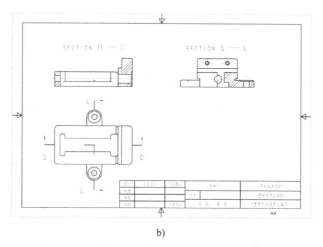

b)

图 1-191 创建半剖视图 - 剖切现有视图（续）

（4）创建正等轴测图（基本视图） 选择"主页"→"基本视图" 命令，设置"要使用的模型视图"为"正三轴测图"；选择"定向视图工具" 命令，选择图 1-192 所示的方向，设置"比例"为"1:2"，在合适位置单击鼠标左键放置视图。

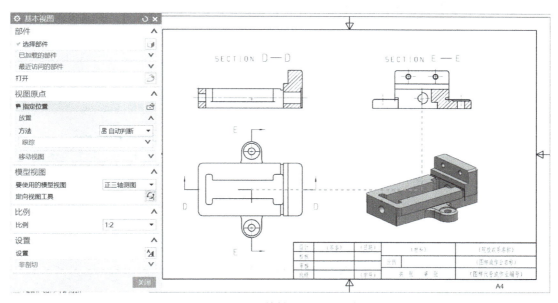

图 1-192 创建正等轴侧视图（基本视图）

（5）创建局部剖视图 创建俯视图中螺纹孔的局部剖视图，操作过程如图 1-193 所示。详细操作方法参见"二、活动钳身零件图输出"。

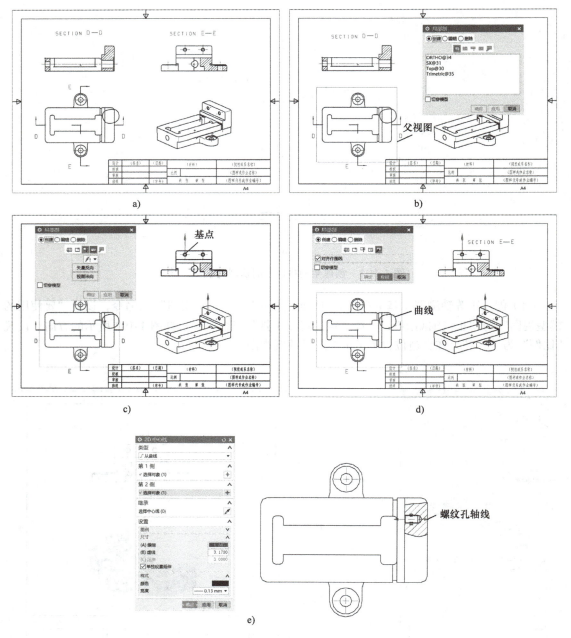

图 1-193 创建局部剖视图

4. 标注尺寸

标注基本尺寸、尺寸公差的方法前面内容已经介绍,详细内容见"一、异形螺母零件图输出"和"二、活动钳身零件图输出"。本实例介绍螺纹孔标记"2×M8"和锪孔标记"2×ϕ11"的标注方法,这两种标注的方法类似,因此,仅详细介绍"2×M8"的标注方法。

(1)设置尺寸样式和直径符号样式 选择"主页"→"快速尺寸"命令,弹出"快速尺寸"对话框中。设置"测量方法"为"自动判断";在视图区选择螺纹孔外径圆弧为"参考",

项目一 机用虎钳综合项目

自动生成尺寸"$\phi 8$",鼠标光标在空白处停留一会,弹出公差和前后缀设置对话框,在后缀文本框中按数次空格键,这样尺寸线就会延长;在"快速尺寸"对话框中的"设置"选项组中选择"文本样式" 命令,弹出"设置"对话框。在"前缀/后缀"选项卡中,"直径符号"设置为"用户定义" ,"要使用的符号"输入为"$2\times M$",这样就可以将原有的前缀"ϕ"改成"$2\times M$";在"方向和位置"选项卡中,设置"方位"和"位置"分别为"水平文本" 和"文本在短划线上" ,如图 1-194 所示。

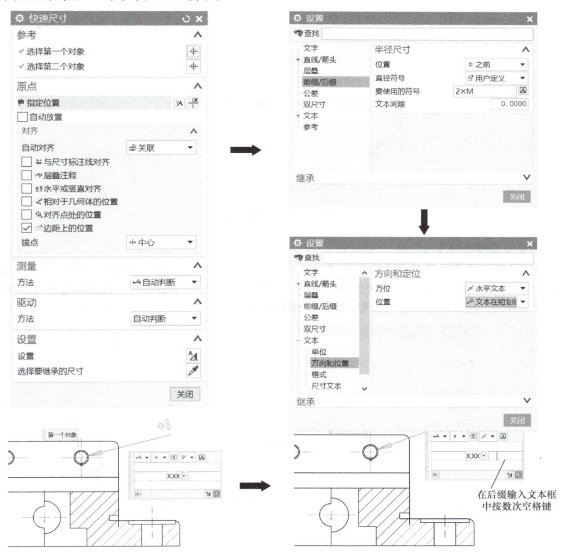

图 1-194 设置尺寸样式和直径符号样式

(2)创建深度符号 选择"主页"→"注释" 命令,在"文本输入"选项组中,设置"类别"为深度符号 ,在文本框中的符号代码后面输入"14",拖拽鼠标并在尺寸线下方单击鼠标左键,放置文本。用同样的方法生成螺纹"↓12"的注释,如图 1-195 所示。

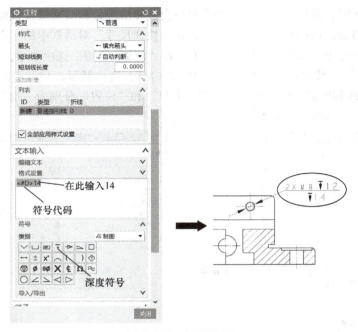

图 1-195 注释孔深

5. 标注基准和几何公差

（1）标注基准　选择"主页"→"基准特征符号"命令，默认"基准标识符"中的"字母"为"A"；在"指引线"选项组中，选择"选择终止对象"命令，在视图区选择 $\phi 18$ 孔的尺寸界线，拖拽鼠标到适当位置，单击鼠标左键放置基准符号，如图 1-196 所示。

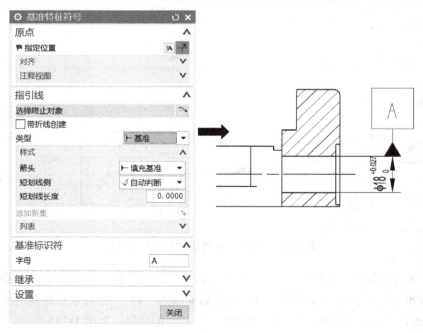

图 1-196 标注基准

（2）标注同轴度公差　选择"主页"→"特征控制框" 命令，在"框"选项组中，设置"特性"为"同轴度"；在"公差"选项组中，设置"公差修饰符"为"φ"，"值"为"0.04"；设置"第一基准参考"为"A"；在"指引线"选项组中，选择"选择终止对象" 命令，在视图区选择主视图中的 φ12 孔的尺寸界线，拖拽鼠标到适当位置放置基准符号，如图 1-197 所示。

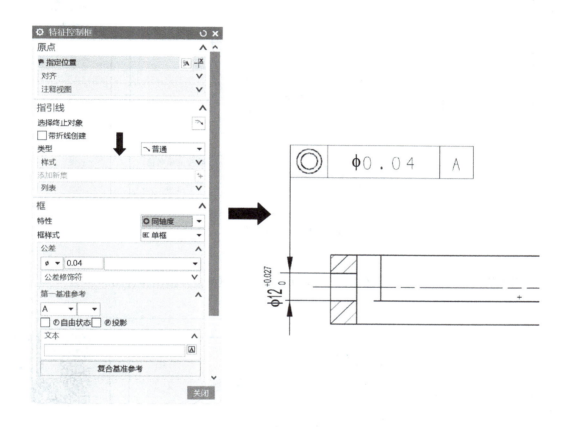

图 1-197　标注同轴度公差

6. 图形整理

标注图中所有尺寸、技术要求、表面粗糙度等内容，并将不需要的参考点、多余线条、视图的剖切位置符号、视图名称等进行隐藏。

项目一　相关图样和课后习题

1.根据机用虎钳的垫圈零件图（图1-198）创建三维模型，并输出零件图。

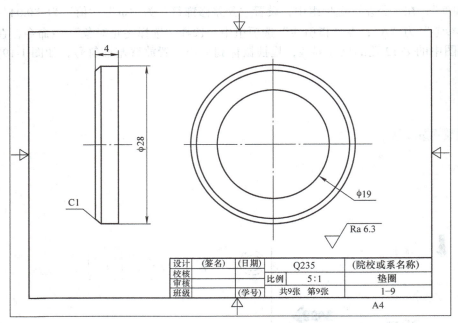

视频 1-23

图 1-198 垫圈零件图

2. 根据机用虎钳的圆环零件图（图 1-199）创建三维模型，并输出零件图。

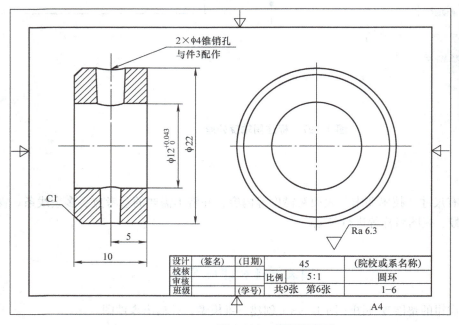

视频 1-24

图 1-199 圆环零件图

项目一 机用虎钳综合项目

3. 根据机用虎钳的异形螺钉零件图（图 1-200）创建三维模型，并输出零件图。

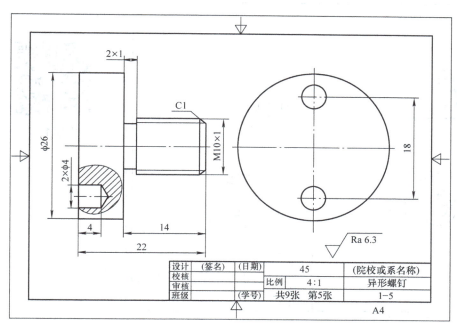

视频 1-25

图 1-200 异形螺钉零件图

4. 根据机用虎钳的螺杆零件图（图 1-201）创建三维模型，并输出零件图。

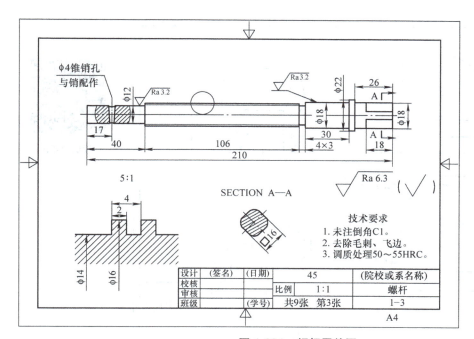

视频 1-26

图 1-201 螺杆零件图

5. 根据圆锥、圆柱组合体零件图（图1-202）创建三维模型。

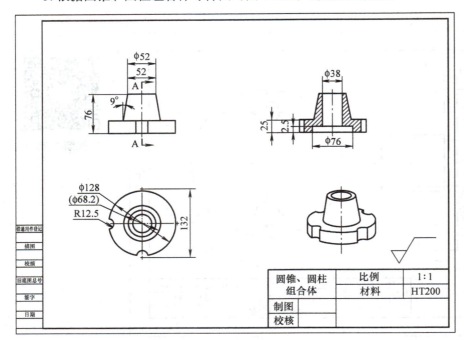

图1-202　圆锥、圆柱组合体零件图

6. 根据球、圆柱、块组合体零件图（图1-203）创建三维模型。

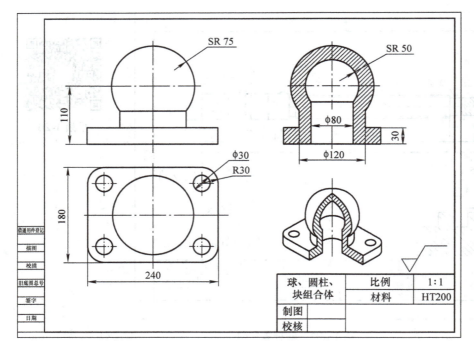

图1-203　球、圆柱、块组合体零件图

项目一 机用虎钳综合项目

7. 根据圆柱加劲板、孔组合体零件图（图1-204）创建三维模型。

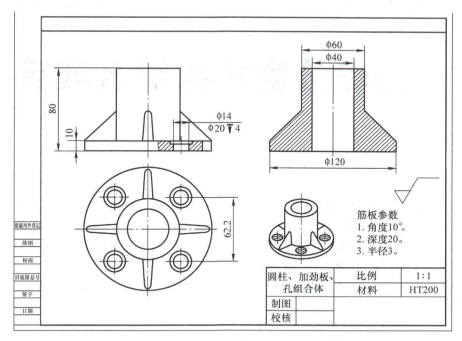

视频1-29

图 1-204 圆柱、加劲板、孔组合体零件图

8. 根据弯管法兰零件图（图1-205）创建三维模型。

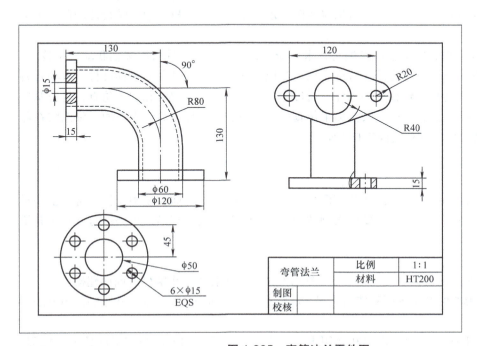

视频1-30

图 1-205 弯管法兰零件图

项目二

凸轮分度机构综合项目

🖙 学习目标

1）掌握凸轮分度机构主要零件的三维建模方法，提升 UG 基础建模工具的使用能力、读图和识图能力，掌握曲面建模工具的使用方法。

2）利用 UG 的加工模块，完成底板、分度盘、凸轮轴三个零件的数控加工仿真。掌握加工模块的进入和设置方法，以及 3 轴、4 轴加工仿真方法。

3）掌握"型腔铣""底壁加工""实体轮廓 3D 铣削""平面铣""钻孔""固定轴轮廓铣"等常用加工仿真方法。

项目描述

本项目中的凸轮分度机构，属于圆柱凸轮分度机构，具有结构简单紧凑、刚性好、承载能力高、分度范围大、分度精度高、制造成本低等优点，因此被广泛应用于需要传递大转矩或精准传动的间歇运动设备中，凸轮分度机构对我国实现工业自动化和机床数控转台传动起到了重要作用。

本项目载体为"金砖国家技能发展与技术创新大赛——复杂组件数控多轴联动加工技术"赛题中的部分零件。项目组件为凸轮分度机构，共包括 6 种非标准件和 6 种标准件。本项目将重点研究底板、分度盘和凸轮轴三种零件。通过学习这三种零件的建模和加工仿真，复习基础建模相关知识、掌握曲面建模以及数控加工仿真相关知识。其中部分简单零件的零件图将在习题部分给出，读者可以根据在线课程自主学习。

技能储备

任务描述：介绍 UG 软件的曲面建模命令、加工模块的基本界面和使用流程、常用工序子类型的作用和使用方法，该部分主要以案例教学方式和视频形式（扫描二维码进行观看）介绍具体操作方法。

任务要求：

1）掌握常用曲面建模命令的使用方法，能够完成直纹水杯等 6 个零件的曲面建模。

2）掌握加工模块的基本界面和使用流程，能够熟练地掌握加工 4 个基本视图的使用方法和技巧。

3）掌握常用工序子类型的作用和使用方法，能够根据毛坯和零件制订正确的工艺规程，并完成内六角帽等 6 种零件的建模和数控加工仿真。

项目二　凸轮分度机构综合项目

4）学习加工仿真、参数设置和后置处理的相关操作流程，为项目实施积累知识和打下技能基础。

一、"直纹"命令

"直纹"命令的作用是在两个截面之间创建体。两个截面的曲线既可以是封闭曲线，也可以是非封闭曲线或模型的边。图 2-1 所示为直纹水杯的零件图。水杯的底部是直径为 60mm 的圆，顶部是内切圆直径为 90mm 的正六边形，水杯高度为 120mm，其具体建模操作过程参考视频 2-01。

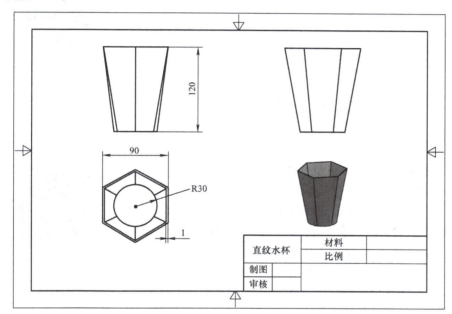

视频 2-01

图 2-1　直纹水杯零件图

二、"通过曲线组"命令

"通过曲线组"命令的作用是通过多个截面创建体。图 2-2 所示为鼠标盖曲面的立体图。其建模思路是通过 3 条草图曲线作为建模参考（这些曲线可以通过草图命令或者曲线命令来创建，本实例中略去创建曲线的过程），再使用"通过曲线组"命令完成曲面的创建，其具体建模操作过程参考视频 2-02。

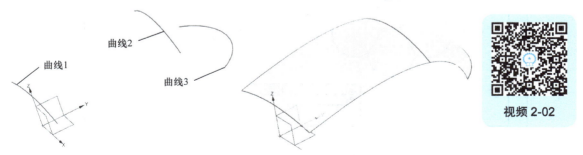

图 2-2　鼠标盖曲面立体图

三、"有界平面"命令

"有界平面"命令的作用是创建一组端点相连的平面封闭曲线的平面片体。图 2-3 所示的是花形面片平面。其建模思路是先在草绘环境中绘制花形曲线,再使用"有界平面"命令完成花形面片的创建,其具体建模操作过程参考视频 2-03。

图 2-3 花形面片

四、"曲线网格"命令和曲面编辑

"曲线网格"命令的作用是通过一个方向的截面网格和另一方向的引导线创建体,使直纹形状匹配曲线网格,需要特别注意的是,这些曲线网格之间必须在公差范围内相交,否则不能创建曲面或体。图 2-4 所示的是花形盘的零件图。其建模思路是先使用草图命令或曲线命令等绘制花形盘曲线骨架,再使用"曲线网格"命令完成一个花瓣面片的创建,最后通过阵列、缝合、加厚曲面等命令完成花形盘的创建,其具体建模操作过程参考视频 2-04。

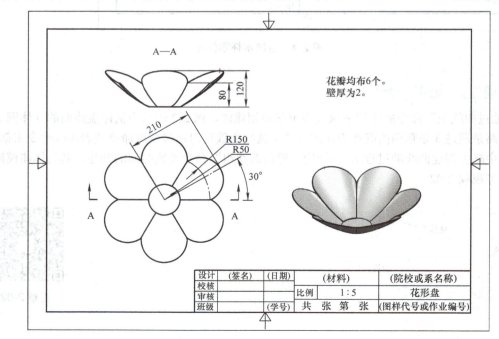

图 2-4 花形盘零件图

五、"沿引导线扫掠"命令

"沿引导线扫掠" 命令的作用是通过沿引导线扫掠截面来创建体，使用沿引导线扫掠命令时截面只能有一个，引导线也只能有一条，但是引导线可以为折线，图 2-5 所示是相框的零件图，其具体建模操作过程参考视频 2-05。

视频 2-05

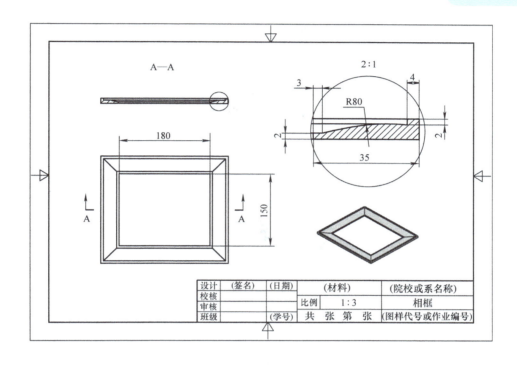

图 2-5 相框零件图

六、"扫掠"命令

"扫掠" 命令的作用是通过沿一条或多条引导线扫掠截面来创建体，并可以使用各种方法控制沿着引导线的形状，使用扫掠命令时截面可以通过添加新集选择多个，即截面的形状可以不同；引导线最多可以有 3 条，但是引导线不能为折线；截面线和引导线之间不必要有交点。图 2-6 所示是奖杯的实体图，其下表面是圆形，上表面是五角星形，并且沿着圆弧和艺术样条曲线两条引导线扫掠形成实体，其具体建模操作过程参考视频 2-06。

视频 2-06

七、进入加工环境的方法

进入加工环境的方法是选择"文件"→"打开"命令，打开"底板_model1.prt"文件。选择"应用模块"→"加工"命令（从建模环境切换到加工环境的快捷键是 <Ctrl+Alt+M>），弹出"加工环境"对话框，如图 2-7 所示。设置"CAM 会话设置"为"cam_general"，"要创建的 CAM 组装"为"mill_contour"，单击"确定"按钮。

图 2-6 奖杯实体图

图 2-7 "加工环境"对话框

八、加工环境中 4 种导航器

加工环境有 4 种工序导航器:"程序顺序""机床""几何"和"加工方法"。

1. "程序顺序"工序导航器

"程序顺序"工序导航器用来管理数控加工程序的,用户可以创建若干程序管理文件夹来放置相关程序,以方便后面进行后置处理,如图 2-8a 所示。

2. "机床"工序导航器

"机床"工序导航器用来管理加工使用的机床和刀具等,如图 2-8b 所示。

3. "几何"工序导航器

"几何"工序导航器用来管理加工坐标系"MCS"和"WORKPIECE"。其中"WORKPIECE"包括对"部件"和"毛坯"设置的两部分,如图2-8c所示。

4. "加工方法"工序导航器

"加工方法"工序导航器用来设置全局的"加工余量"等加工参数,系统自带了"MILL_ROUGH"(粗加工)、"MILL_SEMI_FINISH"(半精加工)、"MILLI_FINISH"(精加工)、"DRILL_METHOD"(钻削加工方法)4种加工方法,如图2-8d所示。

图2-8 4种工序导航器

九、内六角帽加工实例

图 2-9 所示是内六角帽零件图,本实例只介绍型腔的加工方法,因此毛坯采用包容圆柱体,具体操作过程参考视频 2-07。根据零件的结构特点及精度要求制订工序,见表 2-1。

视频 2-07

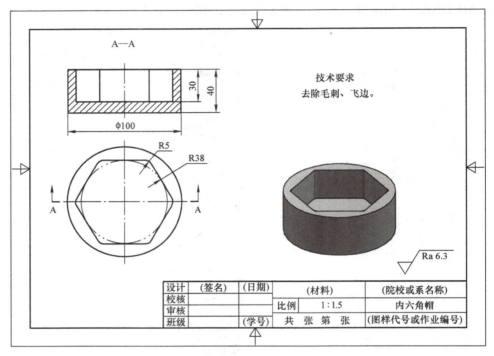

图 2-9 内六角帽零件图

表 2-1 内六角帽加工工序

序号	工序名	工序子类型	工序图标	刀具	余量 /mm		作用
1	粗加工型腔	型腔铣		D20R0	底壁	0.5	去除内部型腔主要材料
					侧壁	0.5	
2	清角加工	清理拐角		D8R0	底壁	0.5	清理 D20R0 刀具未能加工的圆角部分
					侧壁	0.5	
3	精加工侧壁	精加工侧壁		D8R0	底壁	0.5	精加工侧壁
					侧壁	0	
4	精加工底壁	精加工底壁		D8R0	底壁	0	精加工侧壁
					侧壁	0	

十、斜侧壁内六角帽加工实例

图 2-10 所示是斜侧壁内六角帽零件图,本实例只介绍斜侧壁型腔的加工方法,毛坯使用包容圆柱体,其具体操作过程参考视频 2-08。根据零件图制订工序,见表 2-2。

视频 2-08

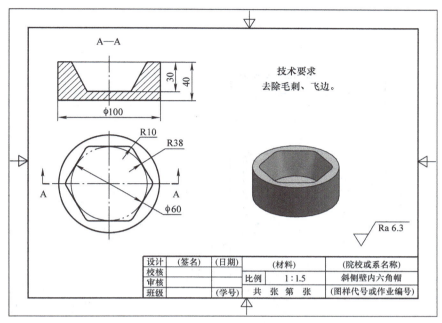

图 2-10 斜侧壁内六角帽零件图

表 2-2 斜侧壁内六角帽加工工序

序号	工序名	工序子类型	工序图标	刀具	余量/mm		作用
1	粗加工型腔	带 IPW 的底壁加工		D8R0	底壁	0.5	去除内部型腔主要材料
					侧壁	0.5	
2	半精加工壁	剩余铣		D8R0	底壁	0.5	半精加工侧壁
					侧壁	0.05	
3	精加工侧壁	深度轮廓加工		R4	底壁	0.5	精加工侧壁
					侧壁	0	
4	精加工底壁	精加工底面		D8R4	底壁	0	精加工底壁
					侧壁	0	

十一、平面铣零件加工实例

图 2-11 所示是平面铣零件的零件图,本实例只介绍阶梯凹腔以及倒角部分的加工方法,因此,毛坯使用包容块,其具体建模操作过程参考视频 2-09。根据零件的结构特点及精度要求制订工序,见表 2-3。

视频 2-09

十二、塑料盖零件加工实例

图 2-12 所示是塑料盖零件图,本实例只介绍根据塑料盖曲面创建凸模型芯的加工方法,毛坯使用包容块,其具体建模操作过程参考视频 2-10。根据零件的结构特点及精度要求制订工序,见表 2-4。

视频 2-10

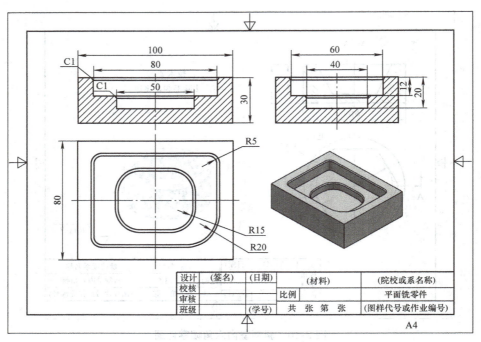

图 2-11　平面铣零件的零件图

表 2-3　平面铣零件加工工序

序号	工序名	工序子类型	工序图标	刀具	余量/mm	作用
1	加工型腔	平面铣		D8R0	0	去除内部阶梯凹腔材料
2	加工倒角	平面铣		SPOT-DRILL	0	加工倒角

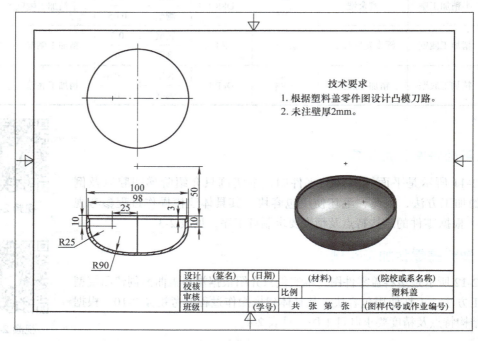

图 2-12　塑料盖零件图

表 2-4 塑料盖零件加工工序

序号	工序名	工序子类型	工序图标	刀具	余量/mm	作用
1	粗加工	型腔铣		D12R0	0.5	粗加工去除材料
2	半精加工	剩余铣		D12R0	0.2	半精加工
3	精加工陡峭区域	深度轮廓加工		R5	0	精加工陡峭区域，得到最终表面
4	精加工非陡峭区域	区域轮廓铣		R5	0	精加工非陡峭区域，得到最终表面

十三、枫叶形图标加工实例

"固定轮廓铣"工序通常用于精加工轮廓形状，它可以用于需要根据指定部件几何体和切削区域选择并编辑驱动方法进行加工。在加工过程中，刀轴矢量方向固定，因此只能生成3轴以下加工程序。枫叶形图标加工实例运用到"固定轮廓铣"工序，需要在"驱动方法"中分别对"曲线/点"和"边界"两种不同方法进行设置，共需要创建两道工序：沿草图曲线走刀，如图2-13a所示；在边界内往复走刀，如图2-13b所示。三维动态加工仿真效果如图2-13c所示，操作过程参考视频2-11。

视频 2-11

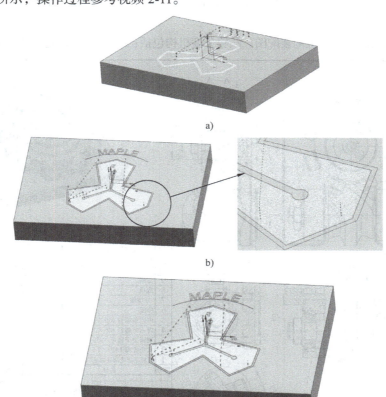

图 2-13 枫叶形图标加工

项目实施

任务一 凸轮分度机构主要零件三维建模

任务描述：本任务将以加工的思路介绍建模的方法，其中包括"中差建模"和"建模坐标系"与"加工坐标系"的关系等内容。在实际加工之前根据模型信息输出正确的加工刀轨和代码至关重要，而正确的模型是生成刀轨和代码的依据，因此，在数控加工仿真之前一定要学会用加工的思路进行建模，这样才能大大提高数控加工仿真的准确率和效率，成为合格的技术人才。本任务将介绍如何利用 UG 软件根据零件图完成凸轮轴、分度盘和底板零件三维模型的创建，为任务二进行数控加工仿真做准备。

任务要求：

1）掌握 UG 建模模块常用设计命令的使用方法和技巧，包括设计特征、曲面工具、同步建模、关联复制等。

2）根据模型的结构和尺寸特点，能够形成正确的建模思路并利用 UG 创建凸轮轴、分度盘和底板 3 个零件的三维模型。

3）通过完成项目任务，提升读图、识图能力。同时理解建模过程中公差尺寸对加工的影响。

图 2-14 所示为凸轮分度机构装配图。凸轮分度机构包括：8 个螺栓型滚轮滚针轴承（CF10/K22）、

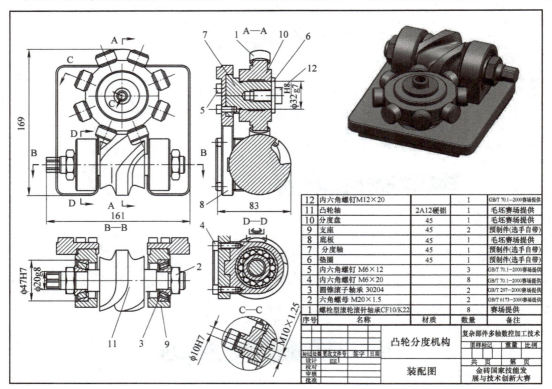

图 2-14 凸轮分度机构装配图

2个六角螺母（M20×1.5）、2个圆锥滚子轴承（30204）、8个内六角螺钉（M6×20）、3个内六角螺钉（M6×12）、1个垫圈、1个分度轴、1个底板、1个支座、1个分度盘、1个凸轮轴、1个内六角螺钉M12×20。凸轮分度机构包括分度组件和凸轮轴组件两部分。分度组件中，分度轴零件通过3个M6×12的内六角螺钉与底板固定连接，分度盘与分度轴配合，并通过垫圈和M12×20的内六角螺钉实现轴向定位；凸轮轴组件中，凸轮轴通过两个圆锥滚子轴承30204与支座零件连接，支座零件通过8个M6×20的内六角螺钉与底板零件固定连接。分度组件和凸轮组件之间相对运动实现分度功能。

一、凸轮轴三维建模

凸轮轴是凸轮分度机构的核心零件，其曲面部分是由导入的曲线利用曲面功能中的"直纹"命令完成建模的。主体轴身部分旋转形成，细节结构包括螺纹、螺纹退刀槽和轴端六棱柱结构。其建模思路和过程如图2-15所示。

图2-15 凸轮轴建模思路和过程

根据以上建模思路以及图2-16所示的凸轮轴零件图，创建凸轮轴的三维模型，具体过程参考视频2-12。

1. 导入曲线

选择"文件"→"新建"命令，弹出"新建"对话框。输入文件名为"凸轮轴三维建模_model1.prt"，文件夹选择"项目2凸轮分度机构\凸轮轴"。在建模环境中，选择菜单栏中的"文件"→"打开"命令（快捷键

视频2-12

为<Ctrl+O>），弹出"打开"对话框。设置"文件类型"为"IGES 文件（*.igs）"，选择"凸轮轮廓曲线.igs"文件，如图 2-17 所示。

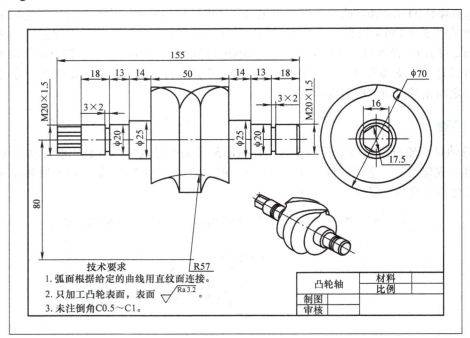

图 2-16　凸轮轴零件图

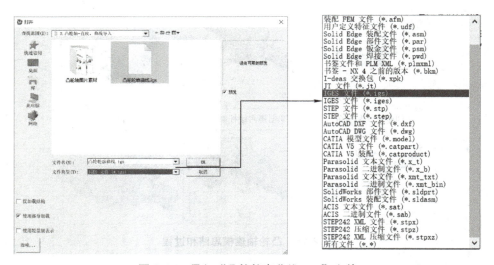

图 2-17　导入"凸轮轮廓曲线.igs"文件

2. 用"直纹"命令创建侧面

选择"主页"→"曲面"→"更多"→"直纹" 命令，弹出"直纹"对话框，如图 2-18a 所示。在视图区选择图 2-18a 所示的曲线 1 为"截面线串 1"，在"截面线串 2"处单击鼠标左键，使"截面线串 2"选项被激活，在视图区选择曲线 2，单击"应用"按钮，完成第一个侧面面片的创建。用同样的方法依次创建 4 个侧面的面片，如图 2-18b 所示。

项目二　凸轮分度机构综合项目

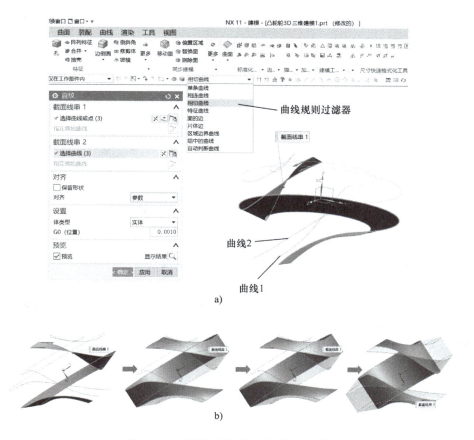

图 2-18　用"直纹"命令创建侧面过程

> 🔔 **注意**：在曲面建模过程中常选择曲线作为参考,"曲线规则"包括"单条曲线""相连曲线""相切曲线""特征曲线"等 9 种,在使用时可以根据情况进行选择。

3. 用"有界平面"命令创建端面

1)选择"曲面"→"更多"→"有界平面"命令,弹出"有界平面"对话框。在视图区依次选择端面的轮廓曲线 a~d,系统会以 4 条曲线为边界创建一个平面,如图 2-19 所示。用同样的方法创建另一侧端面。

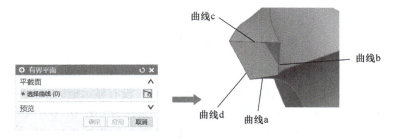

图 2-19　用"有界平面"命令创建端面过程

2)缝合 6 个面。选择"菜单"→"插入"→"组合"→"缝合"命令,弹出"缝合"对话框。"类型"默认为"片体",在视图区选择任意一个片体作为"目标",选择其他 5 个片体作为"工具",单击"确定"按钮,如图 2-20 所示。

图 2-20 用"缝合"命令缝合片体的过程

> 注意:目标片体只能选择一个,工具片体可以多选。

检查缝合后的特征是否为实体。选择"视图"→"编辑截面"命令,根据需要指定剖切平面的位置和方向,特征是实体时将显示绿色的截面位置,不需要视图剖切显示时,可以通过"剪切截面"命令来取消"视图剖切"显示,如图 2-21 所示。

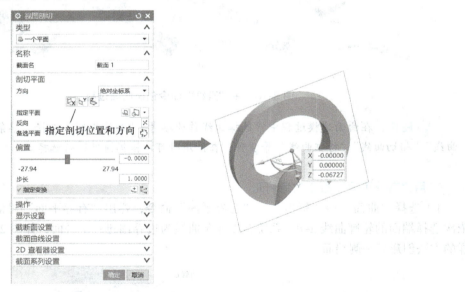

图 2-21 编辑截面检查曲面缝合情况

4. 用"旋转"命令创建中间轴段

(1)创建坐标系 由于导入的曲线文件格式为".igs",没有显示坐标系,使用"坐标系"命令创建基准坐标系,坐标系原点位置与曲线中心重合,坐标为(0,0,0),如图 2-22 所示。

(2)创建旋转体 首先使用"草图"命令,在 XZ 平面创建图 2-23a 所示的草图。退出草绘环境,选择"旋转"命令,弹出"旋转"对话框。选择绘制的草图为"截面线",选择草图中直线 1 为"轴","布尔"运算设置为"合并",如图 2-23b 所示。

项目二　凸轮分度机构综合项目　137

图 2-22　创建坐标系

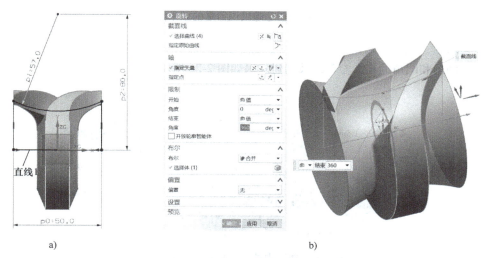

a)　　　　　　　　　　　　　　　　b)

图 2-23　旋转中间轴段

5. 用"旋转"命令创建整个阶梯轴

选择"草图" 命令，在 XZ 平面上创建图 2-24 所示的草图。退出草绘环境，选择"旋转" 命令，选择绘制的草图为"截面线"，选择草图中的直线 1 为"轴"，"布尔"运算设置为"合并"。

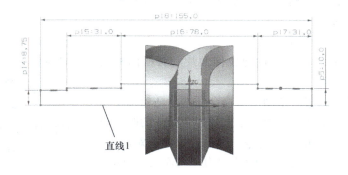

图 2-24　阶梯轴草图截面

6. 用"槽"命令创建螺纹退刀槽

选择"槽" 命令，根据零件图创建螺纹退刀槽，退刀槽尺寸为 3mm×2mm，创建方法参见项目一技能储备中的"十、槽",创建螺纹退刀槽的效果如图1-25所示。

图 2-25　创建螺纹退刀槽的效果图

7. 创建螺纹、倒角和圆角
螺纹、倒角和圆角的相关参数以及创建效果如图2-26所示。

图 2-26　创建螺纹、倒角和圆角效果图

8. 创建六棱柱面
创建六棱柱面包括绘制草图、拉伸长方体、阵列几何特征和布尔求差4个步骤,创建六棱柱面的过程参考项目一任务一中的"二、螺杆三维建模"。六棱柱面的相关参数和创建效果如图2-27所示。

9. 用圆柱面替换直纹面
用圆柱面替换直纹面包括创建拉伸面片和替换面片两步,具体操作过程如下。

(1)拉伸面片　选择"草图" 命令,选择凸轮轴中间轴段的侧面作为草图平面,创建一个直径为70mm的圆。退出草绘环境,选择"拉伸" 命令,弹出"拉伸"对话框。在"拉伸"对话框中,选择绘制的草图为"截面线";输入

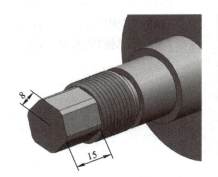

图 2-27　六棱柱面的相关参数和创建效果图

开始"距离"为"0mm",结束"距离"为"50mm";在"设置"选项组中,设置"体类型"为"片体";"布尔"运算设置为"无",单击"确定"按钮。

(2)替换面片　选择"替换面" 命令,弹出"替换面"对话框。选择凸轮轴直纹面的外侧面A为"原始面",选择拉伸后的圆柱面B为"替换面",如图2-28所示。最后,将圆柱面隐藏。

项目二 凸轮分度机构综合项目

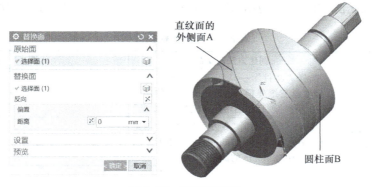

图 2-28 替换直纹面

二、分度盘三维建模

分度盘与 8 个螺栓型滚轮滚针轴承（CF10/K22）连接，并通过垫圈、内六角螺钉（M12×20）与分度轴连接，其零件图如图 2-29 所示，具体建模过程参考视频 2-13。

分度盘加工精度要求较高，为了方便后面对其进行加工仿真时保证加工尺寸，建模过程采用"中差建模"，即使用上极限尺寸和下极限尺寸的平均值进行建模，如尺寸 $80_{-0.046}^{0}$ 的中差尺寸为 79.527mm，即下极限尺寸 79.054mm 和上极限尺寸 80mm 的平均值。

视频 2-13

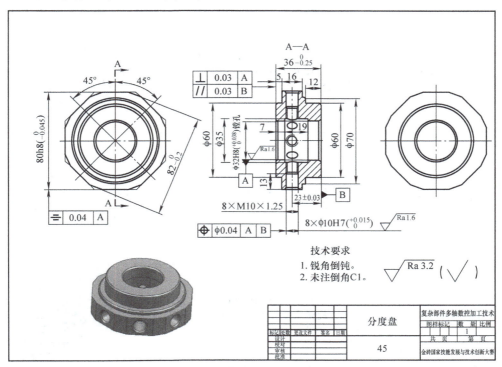

图 2-29 分度盘零件图

分度盘的建模比较简单，主要应用到的命令有"拉伸""孔""阵列"等。其建模过程见表 2-5。

表 2-5 分度盘建模过程

序号	步骤名称	创建方法及参数	图示
1	新建文件	选择"文件"→"新建"命令，选择"分度盘三维建模_model1.prt"文件，文件夹选择"项目2 凸轮分度机构\分度盘"	—
2	创建带倒角的正八棱柱主体草图	在 XY 平面利用"多边形"命令，创建内切圆直径为 79.527mm 的正八边形，以及间距为 81.90mm 的倒角	—
3	拉伸草图	利用"拉伸"命令拉伸步骤1中绘制的草图，拉伸成带倒角的八棱柱，拉伸的高度为 16mm	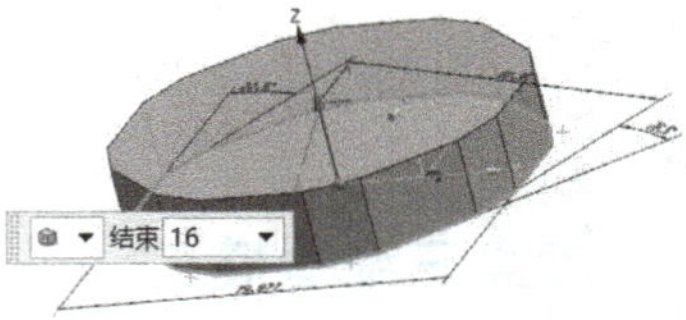
4	创建中间回转体草图	在 XZ 平面利用"轮廓线"命令，创建如图所示的截面草图	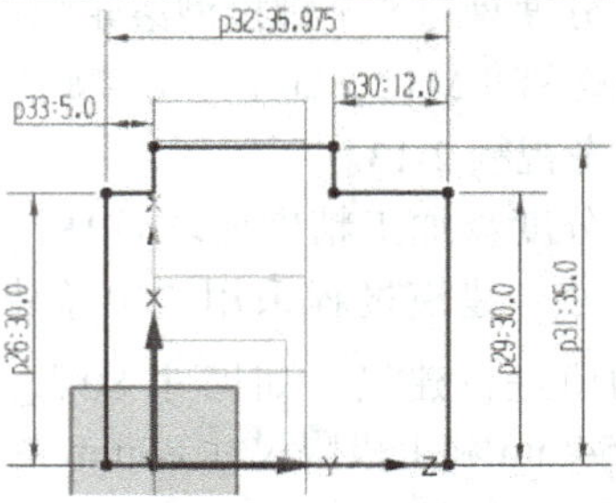
5	创建中间回转体	利用"旋转"命令创建中间回转体，轴线选择 Z 轴，旋转角度为 360°，"布尔"运算设置为"合并"	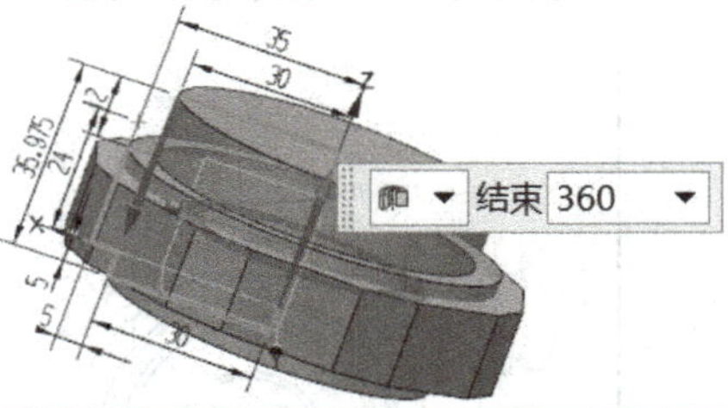
6	创建中间孔草图	在 XZ 平面利用"轮廓线"命令，创建如图所示的截面草图	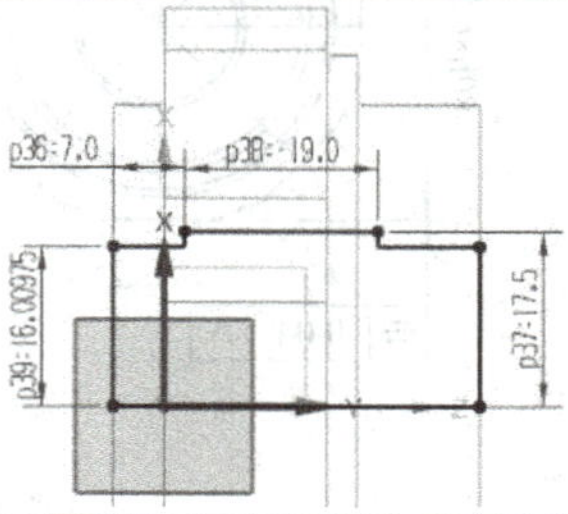
7	创建中间回转体	利用"旋转"命令创建中间回转体，轴线选择 Z 轴，旋转角度为 360°，"布尔"运算设置为"减去"	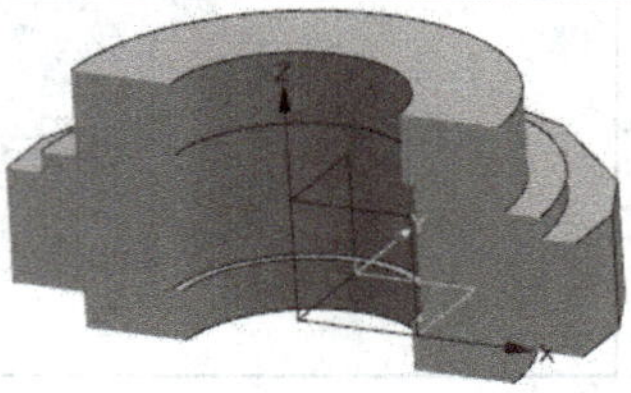

项目二 凸轮分度机构综合项目

（续）

序号	步骤名称	创建方法及参数	图示
8	创建螺纹孔	1）利用"孔"命令按照图样尺寸要求创建 M10×1.25 的螺纹通孔 2）利用"阵列面"命令阵列 8 个螺纹孔，轴线选择 Z 轴，夹角为 45°	
9	创建各处倒角	创建各处倒角，倒角尺寸为 C1	

三、底板三维建模

底板是整个凸轮机构的基座，通过上方 $\phi 48H8(^{+0.039}_{0})$ mm 的凹腔以及 3 个 $\phi 6$mm 均布孔与分度轴连接；通过 8 个 $\phi 6.8$mm 孔与凸轮轴支座连接。其零件图如图 2-30 所示，具体建模过程参考视频 2-14。

视频 2-14

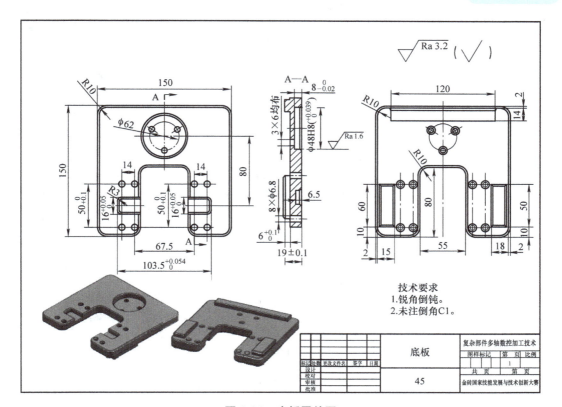

图 2-30 底板零件图

底板的加工、配合精度要求较高，其建模过程中仍采用"中差建模"。底板建模过程中主要应用的命令有拉伸、孔、阵列等，其建模过程见表2-6。

表2-6　底板建模过程

序号	步骤名称	创建方法及参数	图示
1	新建文件	选择"文件"→"新建"命令，弹出"新建"对话框，输入文件名为"底板三维建模_model1.prt"，文件夹选择"项目2 凸轮分度机构\底板"	—
2	创建底板主体草图	在XY平面利用"草图"中的"轮廓线""圆角"等命令，创建如图所示的草图	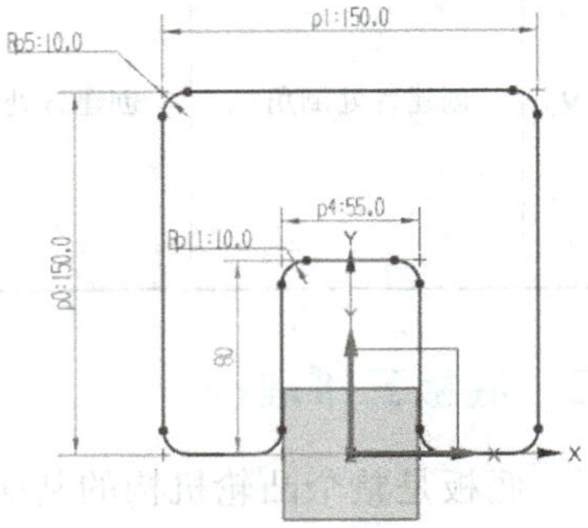
3	拉伸底板	利用"拉伸"命令拉伸步骤1中绘制的草图，拉伸的高度为12.95mm（尺寸计算方法为19mm-6.05mm=12.95mm）	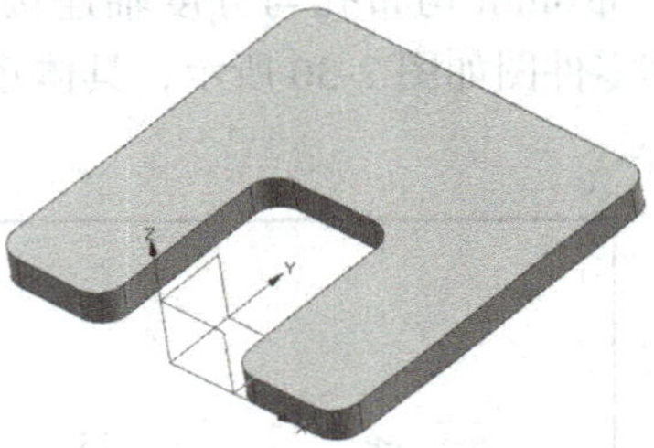
4	创建8个φ6.8mm通孔	1）按照零件图尺寸要求，利用"孔"命令创建第一个φ6.8mm孔 2）利用"阵列"命令阵列成4个孔 3）利用"镜像"命令镜像4个孔	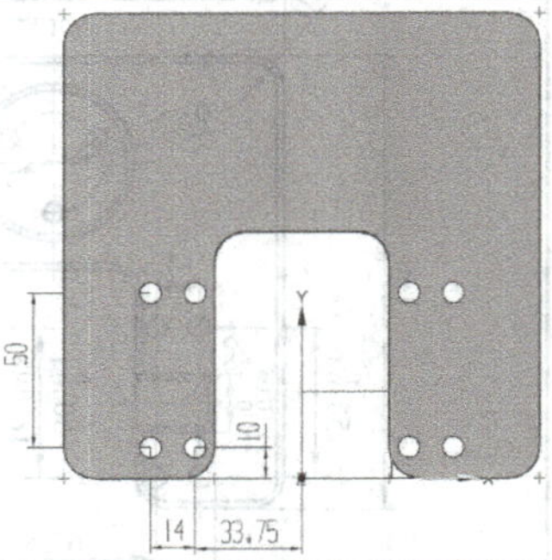
5	创建宽度为$16^{+0.027}_{0}$ mm的方槽	1）按照零件图尺寸要求，利用"草图"命令，在底板上表面创建如图所示圆角矩形 2）利用"拉伸"命令拉伸上一步绘制的草图，拉伸的高度为6.5mm，"布尔"运算设置为"减去" 3）利用"镜像"命令镜像方槽面	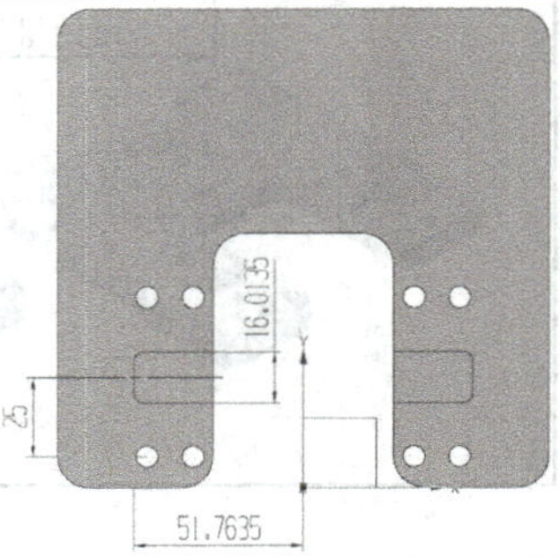

（续）

序号	步骤名称	创建方法及参数	图示
6	创建 $\phi 48H8^{+0.039}_{0}$ 凹腔	1）按照零件图尺寸要求，利用"草图"命令，在底板上表面创建 $\phi 48.0195mm$ 的圆 2）利用"拉伸"命令，拉伸上一步绘制的草图，拉伸的高度为8mm，"布尔"运算设置为"减去"	
7	创建3个 $\phi 6mm$ 均布孔	1）按照零件图尺寸要求，利用"孔"命令创建第一个 $\phi 6mm$ 孔 2）利用"阵列"命令阵列孔，选择圆形为"布局"，选择 $\phi 48mm$ 的凹腔轴线为"旋转轴"，"数量"为"3"，"节距角"为"120°"	

任务二　凸轮分度机构主要零件数控加工仿真

任务描述：本任务将介绍如何完成底板、分度盘、凸轮轴的数控加工仿真，并通过这3个案例介绍数控铣床3轴、3.5轴和4轴加工的数控仿真程序的创建方法。随着社会生产力的发展和科学技术的进步，机械产品的结构日趋精密、复杂，且需求频繁改型，特别是在航空航天、造船、军事等领域所需的机械零件，精度要求高，形状复杂，生产批量小。数控铣床的不断发展和进步解决了当今工业生产的各种难题，它是一种加工功能很强的数控机床。近年来，迅速发展起来的加工中心、柔性加工单元等都是在数控铣床、数控镗床的基础上产生的，都离不开铣削方式。由于数控铣削工艺最复杂，需要解决的技术难题也最多，因此，目前人们在研究和开发数控系统及自动编程语言的软件时，也一直把铣削加工作为重点，对于数控编程的学习也应该从数控铣床的案例开始。

一、底板数控加工仿真

底板是典型的3三轴铣削加工零件，其毛坯为 $152mm \times 152mm \times 19mm$ 的矩形块，底板的上、下表面以及侧面均有需要加工的部位。其加工的难点在于零件的精度要求较高，需要粗加工和精加工等工序，同时还需要钻孔加工。

底板零件的 UG 加工仿真过程中，加工方法有"型腔铣""底壁加工""实体轮廓3D铣削""平面铣"和"钻孔"。底板的加工工序和工步见表2-7，具体过程参考视频2-15。

视频 2-15

表 2-7 底板加工工序和工步

工序	工步号	工步	加工方法及刀具	图示
毛坯加工	1	—	—	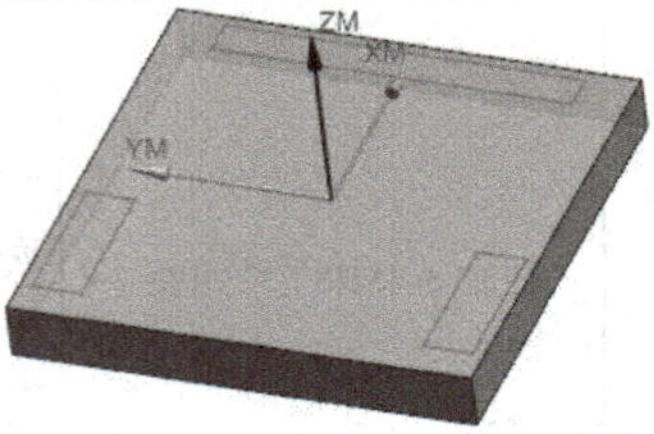
下表面加工	2	下表面粗加工	型腔铣，D16 铣刀	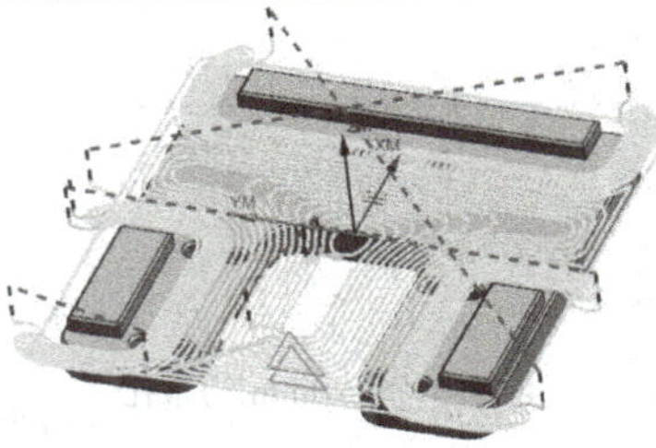
	3	下表面精加工	底壁加工，D16 铣刀	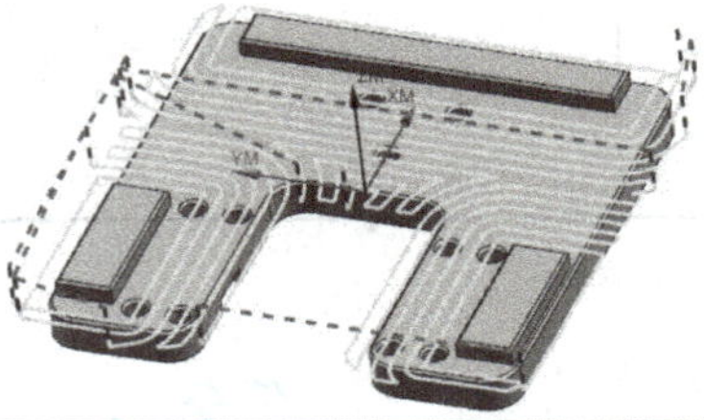
	4	地脚侧壁精加工	实体轮廓 3D，D16 铣刀	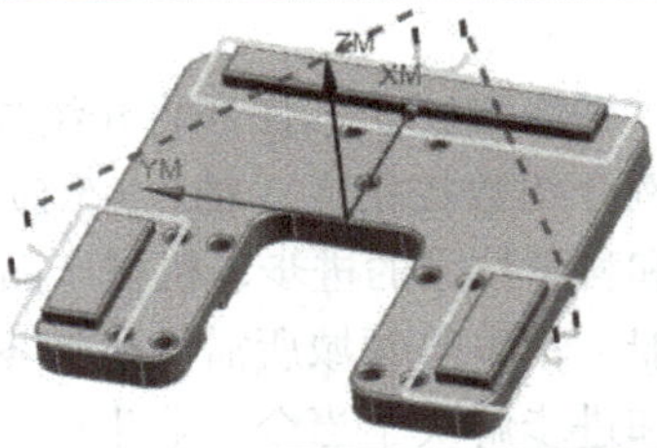
	5	地脚倒角	平面铣，DJ6 钻刀	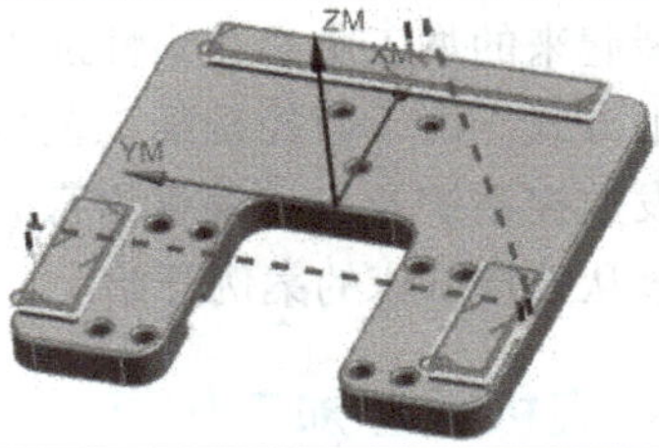
上表面加工	6	U 形槽及外轮廓粗加工	型腔铣，D12 铣刀	

项目二　凸轮分度机构综合项目

（续）

工序	工步号	工步	加工方法及刀具	图示
上表面加工	7	圆槽粗加工	型腔铣，D12 铣刀	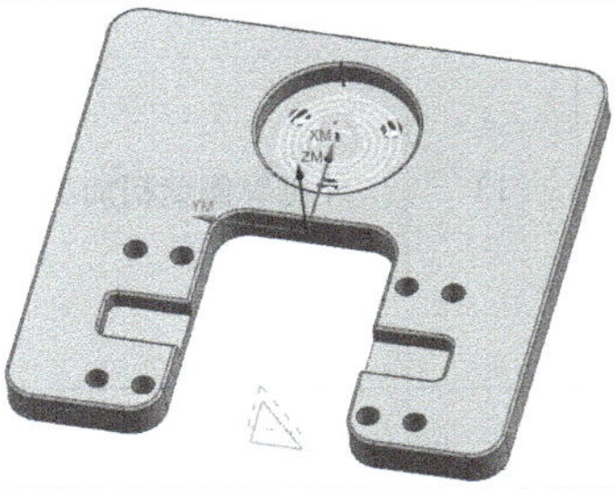
	8	方槽粗加工	型腔铣，D12 铣刀	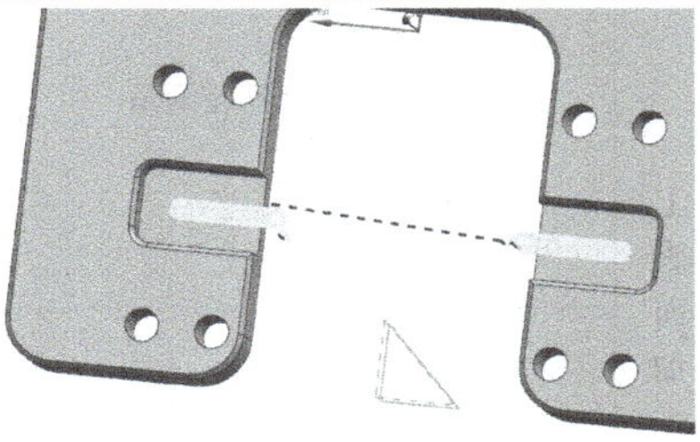
	9	圆槽底壁精加工	底壁加工，D6 铣刀	
	10	方槽底壁精加工	底壁加工，D6 铣刀	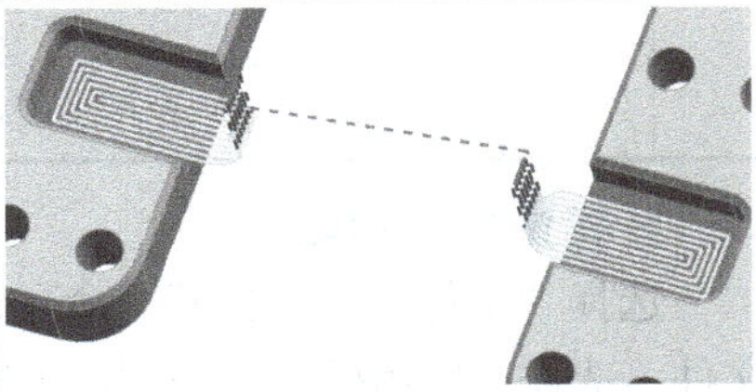
	11	圆槽侧壁精加工	实体轮廓 3D，D6 铣刀	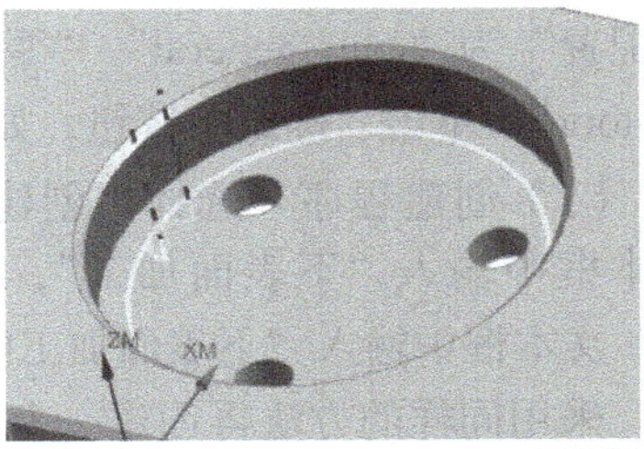
	12	方槽侧壁精加工	实体轮廓 3D，D6 铣刀	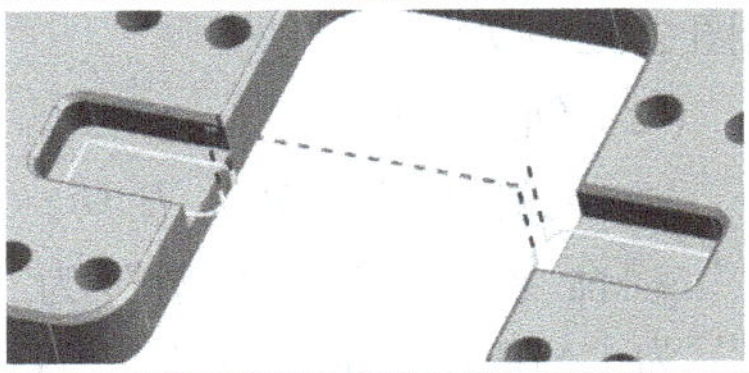

(续)

工序	工步号	工步	加工方法及刀具	图示
上表面加工	13	外轮廓侧壁精加工	实体轮廓3D，D6铣刀	
	14	上表面各处倒角	平面铣，DJ6钻刀	
	15	钻φ6.8mm孔	钻孔，ZT6.8	
	16	钻φ6mm孔	钻孔，ZT6	

1. 设置加工环境

选择"文件"→"打开"命令，打开"底板_model1.prt"文件。选择"应用模块"→"加工"命令，设置"CAM会话配置"为"cam_general"，"要创建的CAM组装"为"mill_contour"，单击"确定"按钮，如图2-31所示。

（1）创建程序 选择"创建程序"命令，在"名称"文本框中输入"下表面加工"，单击"确定"按钮，在"描述"文本框中输入"下表面加工的所有程序"。

采用同样的方法再创建一个名为"上表面加工"的程序，如图2-32所示。

（2）创建刀具

1）创建1号"D6"刀具。选择"主页"→"创建刀具"命令，设置"类型"为"mill_contour"，"刀具子类型"为"MILL"，输入刀具"名称"为"D6"，单击"确定"

图2-31 "加工环境"对话框

按钮。输入刀具"直径"为"6","刀具号""补偿寄存器""刀具补偿寄存器"均为"1",如图 2-33 所示。

图 2-32 创建程序过程

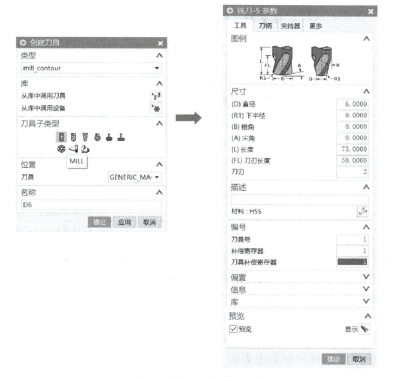

图 2-33 创建 1 号"D6"铣刀

2）创建 4 号 "DJ6" 刀具。选择 "主页" → "创建刀具" 命令，设置 "类型" 为 "hole_making"，"刀具子类型" 为 "SPOT_DRILL"，输入刀具 "名称" 为 "DJ6"，单击 "确定" 按钮。输入刀具 "直径" 为 "6"，"刀尖角度" 为 "90"，"刀具号" "补偿寄存器" 均为 "4"，如图 2-34 所示。

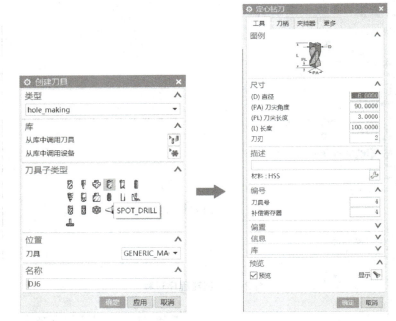

图 2-34　创建 4 号 "DJ6" 刀具

3）创建其他刀具。底板的加工需要使用 6 把刀具，其创建方法与上述铣刀、定心钻刀的创建方法类似，6 把刀具的相关参数见表 2-8。

表 2-8　底板加工刀具参数表

刀具号	名称	刀具类型	作用	刀具参数
1	D6	MILL	上表面精加工	直径 6mm，下圆角半径 0mm
2	D12	MILL	上表面粗加工	直径 12 mm，下圆角半径 0mm
3	D16	MILL	下表面粗加工、精加工	直径 16 mm，下圆角半径 0mm
4	DJ6	SPOT_DRILL	倒角	直径 6 mm，刀尖角度 90°
5	ZT6	STD_DRILL	钻 φ6mm 孔	直径 6 mm，刀尖角度 118°
6	ZT6.8	STD_DRILL	钻 φ6.8mm 孔	直径 6 mm，刀尖角度 90°

（3）创建几何体　创建几何体的过程包括两步：一是创建加工坐标系 MCS，加工坐标系一般放在毛坯几何体的上表面中心，或者方便对刀的位置；二是创建几何体 WORKPIECE，即创建组件和毛坯，并将 WORK_PIECE 作为 MCS 的子集。

1）创建加工坐标系 MCS。选择 "主页" → "创建几何体" 命令，设置 "几何体子类型" 为 "MCS"，"名称" 输入为 "上面加工_MCS"，单击 "确定" 按钮。"指定 MCS" 设置为 "对象的 CSYS"，在视图区选择底板的上表面，系统会自动把加工坐标系 MCS 放在底板零件的上表面中心；设置 "安全设置选项" 为 "自动平面"，"安全距离" 默认为 "10"，如图 2-35 所示。

项目二　凸轮分度机构综合项目

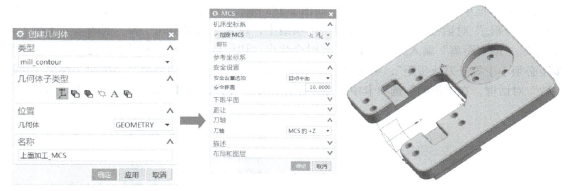

图 2-35　创建"上面加工 _MCS"加工坐标系

用同样的方法创建"下面加工 _MCS"加工坐标系，其位置为底板零件的下表面中心，如图 2-36 所示。需要注意的是坐标系的 Z 轴方向变为反向。

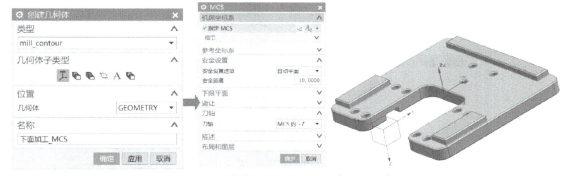

图 2-36　创建"下面加工 _MCS"加工坐标系

2）创建几何体 WORKPIECE。选择"主页"→"创建几何体" 命令，设置"几何体子类型"为"WORKPIECE"，"位置几何体"为"上面加工 _MCS"，"名称"文本框中输入"WORKPIECE_ 上"，单击"确定"按钮。选择"指定部件" 命令，选择视图区的底板零件为部件，单击"确定"按钮，返回到"工件"对话框；选择"指定毛坯" 命令，在弹出的"毛坯几何体"对话框中，设置"类型"为"包容块"，由于毛坯四周都有 1mm 的余量，所以"限制"选项组中的"XM+""XM-""YM+""YM-"4 个文本框中均输入"1"，如图 2-37 所示。采用同样的方法创建"WORKPIECE_ 下"几何体。

> 注意："WORKPIECE_ 下"几何体要为"下面加工 _MCS"的子集，毛坯仍要保持四周 1mm 的余量。

2. 创建下表面加工工序

（1）下表面粗加工

1）创建型腔铣工序。选择"主页"→选择"创建工序" 命令，在"创建工序"对话框中，设置"类型"为"mill_contour"，"工序子类型"为"型腔铣"，"程序"为"下表面加工"，"刀具"为"D16"铣刀，"几何体"为"WORKPIECE_ 下"，"方法"为"MILL_ROUGH"，

"名称"文本框中输入"下表面开粗",如图2-38a所示。单击"确定"按钮,弹出"型腔铣-[下表面开粗]"对话框,在"刀轨设置"选项组中,设置"切削模式"为"摆线","步距"为"恒定","最大距离"输入为"1mm",此时会弹出"切削参数"提示对话框,提示"摆线向前步距必须小于等于刀轨步距",需要修改摆线向前步距,单击"切削参数"按钮,弹出"切削参数"对话框,在"策略"选项卡中,"摆线向前步距"输入为"1mm",如图2-38b所示。

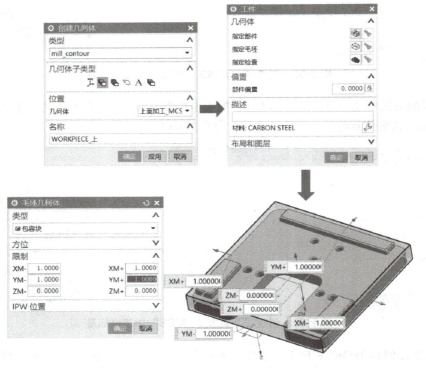

图2-37 创建"WORKPIECE_上"几何体

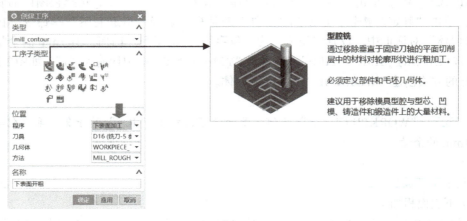

a)

图2-38 创建型腔铣工序

项目二 凸轮分度机构综合项目 151

图 2-38 创建型腔铣工序（续）

2）设置切削层参数。在"型腔铣-[下表面开粗]"对话框中，选择"切削层"命令，弹出"切削层"对话框。在"范围"选项组中，设置"范围类型"为"自动"，"切削层"为"恒定"，"公共每刀切削的深度"为"恒定"，"最大距离"为"6mm"，如图 2-39 所示。

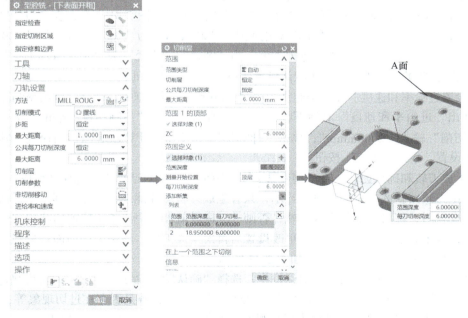

图 2-39 设置切削层参数

3）设置切削参数。在"型腔铣-[下表面开粗]"对话框中，选择"切削参数" 命令，弹出"切削参数"对话框。如图2-40a所示，在"余量"选项卡中，设置"部件侧面余量"为"0.5"，"内公差""外公差"均为"0.08"；在"策略"选项卡中，设置"刀路方向"为"向内"，如图2-40b所示。

图2-40 设置切削参数

4）设置非切削移动参数。在"型腔铣-[下表面开粗]"对话框中，选择"非切削移动" 命令，弹出"非切削移动"对话框。选择"进刀"选项卡，如图2-41所示，在"封闭区域"选项组中，设置"进刀类型"为"沿形状斜进刀"，"斜坡角"为"1.5"，"高度"为"0.5mm"；在"开放区域"选项组中，设置"进刀类型"为"圆弧"，"半径"为"50%刀具半径"，"圆弧角度"默认为"90"，其他选项使用默认设置，单击"确定"按钮。

5）设置进给率和速度。在"型腔铣-[下表面开粗]"对话框中，选择"进给率和速度" 命令，弹出"进给率和速度"对话框，如图2-42所示。设置"主轴速度（rpm）"为"5000"，"进给率切削"输入"2000mmpr"，单击"计算器" 按钮，计算出表面切削速度，其他选项使用默认设置，单击"确定"按钮。

6）生成刀轨和确认刀轨。在"型腔铣-[下表面开粗]"对话框中，选择"生成" 命令，系统计算出刀轨路径并在视图区进行显示，只有生成刀轨后才能进行后置处理，当任何设置和参数发生变化时，都必须重新生成刀轨，否则"工序导航器"中该条工序前面将出现红色的禁止符号 ，表示无法进行后置处理。更改设置后再次生成刀轨，该条工序前面将出现黄色的叹号符号 ，表示可以进行后置处理，如图2-43所示。

在"型腔铣-[下表面开粗]"对话框中，选择"确认" 命令，弹出"刀轨可视化"对话框。在"重播"选项卡中，可以使刀具沿刀轨进行移动，以检查是否存在过切现象等；在"3D动态"选项卡中，可以对加工过程进行直观的动态仿真，如图2-44所示。单击"确定"按钮，返回"型腔铣-[下表面开粗]"对话框，单击"确定"按钮，完成型腔铣工序的设置。

项目二 凸轮分度机构综合项目

图 2-41 设置非切削移动参数

图 2-42 设置进给率和速度

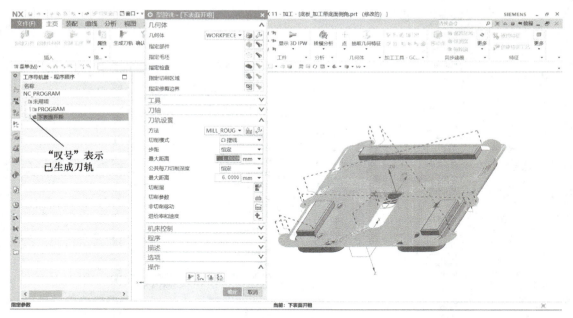

图 2-43 生成刀轨

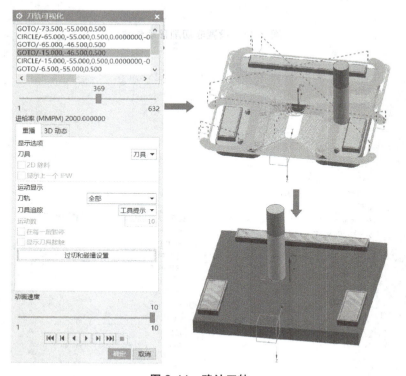

图 2-44 确认刀轨

> 提示：设置进给率和速度、生成刀轨和确认刀轨是创建工序的必备操作步骤，其方法类似，以下只给出相关参数和效果图。

(2)下表面精加工

1)创建底壁加工工序。选择"创建工序" 命令,弹出"创建工序"对话框,如图2-45所示。设置"类型"为"mill_planar","工序子类型"为"底壁加工","程序"为"下表面加工","刀具"为"D16"铣刀,"几何体"为"WORKPIECE_下","方法"为"MILL_FINISH","名称"文本框中输入"精加工下表面",单击"确定"按钮,在弹出的"底壁加工-[精加工下表面]"对话框中,选择"指定切削区底面" 命令,选择组件底面作为参考;设置"切削模式"为"跟随组件","步距"为"恒定","最大距离"为"1mm"。

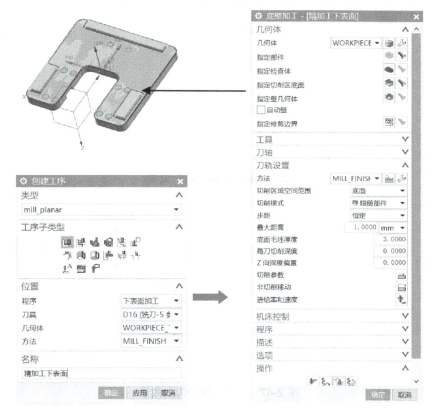

图2-45 创建底壁加工工序

2)设置切削参数。在"底壁加工-[精加工下表面]"对话框中,选择"切削参数" 命令,在"余量"选项卡中,如图2-46a所示,设置"壁余量"为"0.5","内公差""外公差"均为"0.01";在"策略"选项卡中,如图2-46b所示,设置"刀路方向"为"向内"。

3)设置非切削移动参数。在"底壁加工-[精加工下表面]"对话框中,选择"非切削移动" 命令,弹出"非切削移动"对话框。在"进刀"选项卡中的"封闭区域"选项组中,设置"进刀类型"为"沿形状斜进刀","斜坡角"为"1.5","高度"为"0.5mm";在"开放区域"选项组中,设置"进刀类型"为"圆弧","半径"为"50%刀具半径","圆弧角度"默认为"90"。

4)设置进给率和速度。"主轴速度(rpm)"为"5000","进给率切削"为"2000"。

5)生成刀轨和刀轨效果,如图2-47所示。

图 2-46 "切削参数"设置

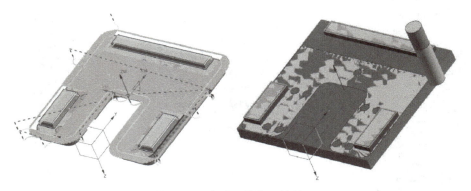

图 2-47 生成刀轨和刀轨效果

(3) 精加工地脚侧壁

1) 创建实体轮廓 3D 工序。选择"主页"→"创建工序"命令，弹出"创建工序"对话框，如图 2-48 所示。设置"类型"为"mill_contour"，"工序子类型"为"实体轮廓 3D"，"程序"为"下表面加工"，"刀具"为"D16 铣刀"，"几何体"为"WORKPIECE_下"，"方法"为"MILL_FINISH"，"名称"文本框中输入"精加工地脚侧壁"，单击"确定"按钮，在弹出的"实体轮廓 3D-[精加工地脚侧壁]"对话框中，单击"指定壁"按钮，选择组件底面地脚侧面为参考。

2) 设置切削参数。在"实体轮廓 3D-[精加工地脚侧壁]"对话框中，选择"切削参数"命令，弹出"切削参数"对话框。在"余量"选项卡中，将"余量"选项组中的各参数均输入为"0"，"内公差""外公差"均输入为"0.01"，如图 2-49a 所示。切换到"拐角"选项卡，设置"凸角"为"延伸并修剪"，如图 2-49b 所示。

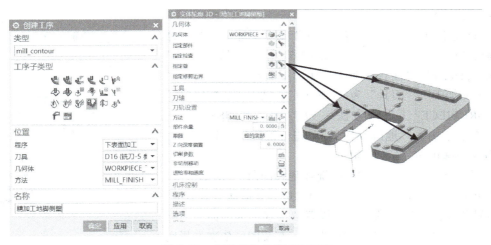

图 2-48 创建实体轮廓 3D 工序

a)   b)

图 2-49 设置切削参数

3)设置非切削移动参数。在"封闭区域"选项组中,设置"进刀类型"为"沿形状斜进刀","斜坡角"为"1.5","高度"为"2mm";在"开放区域"选项组中,设置"进刀类型"为"圆弧","半径"为"50%刀具半径","圆弧角度"默认为"90"。

4)设置进给率和速度。"主轴速度(rpm)"输入为"5000","进给率切削"输入为"2000"。

5)生成刀轨和刀轨效果,如图 2-50 所示。

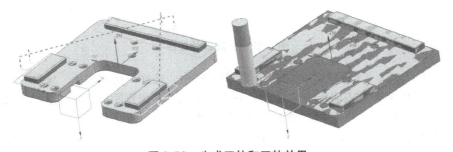

图 2-50 生成刀轨和刀轨效果

（4）地脚倒角

1）创建平面铣工序。选择"主页"→"创建工序"命令，弹出"创建工序"对话框，如图 2-51 所示。设置"类型"为"mill_plannar"，"工序子类型"为"平面铣"，"程序"为"下表面加工"，"刀具"为"DJ6（定心钻刀）"，"几何体"为"WORKPIECE_下"，"方法"为"MILL_FINISH"，"名称"文本框中输入"地脚倒角"，单击"确定"按钮，弹出"平面铣-[地脚倒角]"对话框。

2）指定部件边界。在"平面铣-[地脚倒角]"对话框中，选择"指定部件边界"命令，弹出"边界几何体"对话框。在"边界和几何体"对话框中，设置"模式"为"面"，"材料侧"为"内侧"，其余使用默认设置，在视图区依次选择底板零件底面 3 个地脚的上表面为参考（系统将自动选择 3 个地脚的上表面棱边作为边界），如图 2-52 所示，单击"确定"按钮，再次显示"平面铣-[地脚倒角]"对话框。

图 2-51 "创建工序"对话框

图 2-52 指定部件边界

3）指定底面。在"平面铣-[地脚倒角]"对话框中，选择"指定底面"命令，弹出"平面"对话框，选择地脚上表面作为"要定义平面的对象"，"偏置距离"输入为"-2.2mm"，即向下偏置 2.2mm，如图 2-53 所示，单击"确定"按钮。

4）设置切削模式和切削参数。在"平面铣-[地脚倒角]"对话框中，设置"切削模式"为"轮廓"。选择"切削参数"命令，在弹出的"切削参数"对话框中的"余量"选项卡中，

项目二　凸轮分度机构综合项目

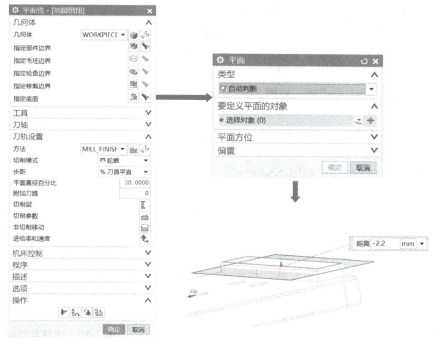

图 2-53　指定底面

将"余量"选项组中各参数均输入为"0","内公差""外公差"均输入为"0.01";在"拐角"选项卡中,设置"凸角"为"延伸并修剪",如图 2-54 所示。

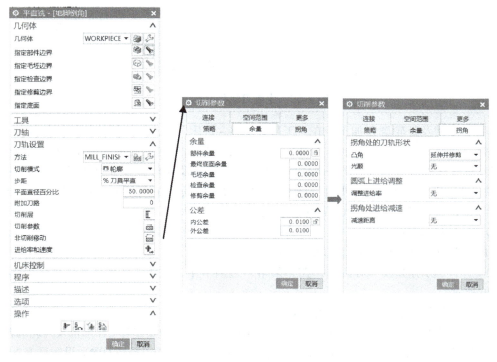

图 2-54　设置切削模式和切削参数

5)设置"非切削移动"。在"封闭区域"选项组中,设置"进刀类型"为"沿形状斜进刀","斜坡角"为"1.5","高度"为"0.5mm";在"开放区域"选项组中,"进刀类型"为"圆弧","半径"为"50% 刀具半径","圆弧角度"默认为"90"如图 2-55 所示,单击"确定"按钮。

6)设置进给率和速度。"主轴速度(rpm)"输入"800","进给率"输入"250"。

7)生成刀轨和刀轨效果,如图 2-56 所示。

3. 上表面加工工序创建

上表面的加工方法和下表面基本一致,可以采用复制工序并内部粘贴的方法,这样便可以将各项设置、切削参数、非切削移动以及主轴转速等信息保留。但需要注意的是,各个工步使用的刀具、几何体、程序放置的位置、切削模式和参数等都有不同之处。因此,使用该方法继承需要的相关设置的同时,一定要进行必要的修改。

图 2-55 设置非切削移动

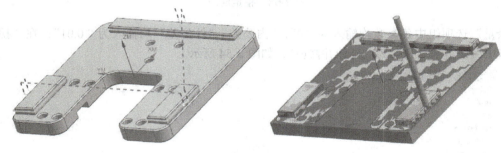

图 2-56 生成刀轨和刀轨效果

(1)U 形槽及外轮廓粗加工 在"工序导航器 - 机床"中选择"下表面开粗"工序,单击鼠标右键,选择"复制"命令;在"D12"铣刀处单击鼠标右键,选择"内部粘贴"命令,选择复制过来的工序单击鼠标右键,重命名为"粗加工 U 形槽及外轮廓";双击修改后的工序,打开"型腔铣 -[粗加工 U 形槽及外轮廓]"对话框,如图 2-57 所示。在对话框中需要设置的参数如下。

1)设置"几何体"为"WORKPIECE_ 上"。

2)在"刀轨设置"选项组中,"公共每刀切削深度"的"最大距离"输入为"20mm";"切削层"的"范围深度"输入为"12.95"mm,如图 2-58a 所示。

3)打开"切削参数"对话框,在"策略"选项卡中,设置"刀路方向"为"向外",如图 2-58b 所示。

通过以上设置生成刀轨以及动态仿真效果,如图 2-59 所示。

(2)上表面其他结构加工 创建上表面其他结构加工仿真的操作与"U 形槽及外轮廓粗加工"类似,复制相应工序后,可以在对应的刀具节点进行内部粘贴,相关操作及参数设置见表 2-9。

项目二 凸轮分度机构综合项目

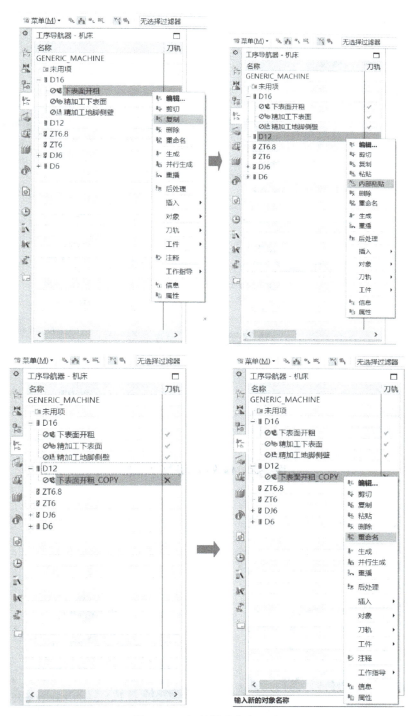

图 2-57 复制并重命名工序

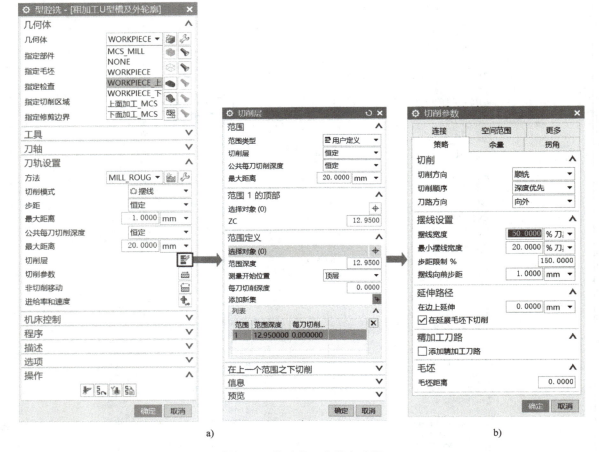

图 2-58 修改加工参数和设置

图 2-59 生成刀轨和动态仿真效果

项目二 凸轮分度机构综合项目

表 2-9 底板上表面加工程序复制操作及参数设置

工步名称	工序复制	参数设置	图示
圆槽粗加工	复制"粗加工 U 形槽及外轮廓"型腔铣工序,内部粘贴到"D12"铣刀节点下	1)将工序名称改为"圆槽开粗" 2)将"几何体"改为"WORKPIECE_上" 3)指定"修剪边界"为圆槽棱边,"修剪侧"为"外侧" 4)"切削层"的"深度范围"改为"8mm"	
方槽粗加工	复制"圆槽开粗"型腔铣工序,内部粘贴到"D12"铣刀节点下	1)将工序名称改为"方槽开粗" 2)将"几何体"改为"WORKPIECE_上" 3)"指定切削区域"指定两个方槽底面 4)"切削层"的"深度范围"改为"6.5mm" 5)在"切削参数"对话框中的"策略"选项卡中,"延伸路径"改为"在边上延伸",延伸3mm,防止撞刀	
精加工圆槽底壁	复制"精加工下表面"底壁加工工序,内部粘贴到"D6"铣刀节点下	1)将工序名称改为"精加工圆槽底壁" 2)将"几何体"改为"WORKPIECE_上" 3)"指定切削区域"指定圆槽底面	
精加工方槽底壁	复制"精加工圆槽底壁"底壁加工工序,内部粘贴到"D6"铣刀节点下	1)将工序名称改为"精加工方槽底壁" 2)将"几何体"改为"WORKPIECE_上" 3)"指定切削区域"指定两个方槽底面	
精加工圆槽侧壁	复制"精加工地脚侧壁"实体轮廓 3D 加工工序,内部粘贴到"D6"铣刀节点下	1)将工序名称改为"精加工圆槽侧壁" 2)将"几何体"改为"WORKPIECE_上" 3)"指定壁"指定圆槽侧面	
精加工方槽侧壁	复制"精加工圆槽侧壁"实体轮廓 3D 加工工序,内部粘贴到"D6"铣刀节点下	1)将工序名称改为"精加工方槽侧壁" 2)将"几何体"改为"WORKPIECE_上" 3)"指定壁"指定两个方槽侧面	
精加工外轮廓侧壁	复制"精加工圆槽侧壁"实体轮廓 3D 加工工序,内部粘贴到"D6"铣刀节点下	1)将工序名称改为"精加工外轮廓侧壁" 2)将"几何体"改为"WORKPIECE_上" 3)"指定壁"指定底板侧面	
对上表面各处倒角	复制"地脚倒角"平面铣加工工序,内部粘贴到"DJ6"钻刀节点下	1)将工序名称改为"对上表面各处倒角" 2)将"几何体"改为"WORKPIECE_上" 3)"指定组件边界"指定底板上表面轮廓棱边 4)"指定底面"指定底板上面	

（3）钻孔　以钻8个φ6.8mm孔为例介绍钻孔加工仿真过程。

1）创建工序。选择"创建工序" 命令，弹出"创建工序"对话框，如图2-60所示。设置"类型"为"hole_making"，"工序子类型"为"钻孔"，"程序"为"上表面加工"，"刀具"为"ZT6.8"钻刀，"几何体"为"WORKPIECE_上"，"方法"为"DRILL_METHOD"，"名称"为"钻6.8孔"，单击"确定"按钮。

2）指定特征几何体、进给率和速度。在弹出的"钻孔-[钻6.8孔]"对话框中，选择"指定特征几何体" 命令，弹出"特征几何体"话框，如图2-61所示。在视图区依次选择8个φ6.8mm孔的圆边，单击"确定"按钮返回"钻孔-[钻6.8孔]"对话框。选择"进给率和速度" 命令，设置"主轴转速"为"600"，"进给量切削"为"50"。

图2-60 "创建工序"对话框

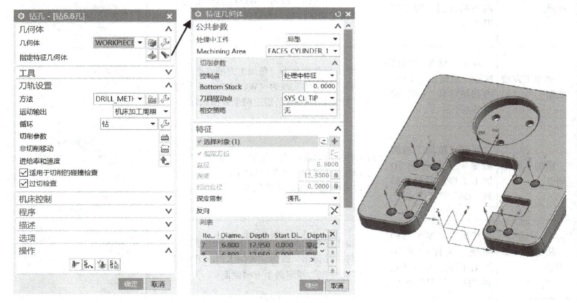

图2-61 指定钻孔序列

3）生成刀轨和确认刀轨。在"钻孔-[钻6.8孔]"对话框中，先选择"生成" 命令，再选择"确认" 命令，在"刀轨可视化"对话框中的"3D动态"选项卡中，对加工过程进行直观的动态仿真，如图2-62所示。

φ6mm孔的加工仿真创建方法与φ6.8mm孔的基本一致，具体操作方法参见φ6.8mm孔的加工设置。

完成底板加工所有的工步后，"程序顺序""机床""几何"三个工序导航器视图如图2-63所示。

项目二 凸轮分度机构综合项目 165

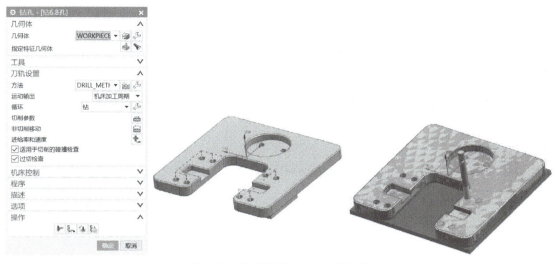

图 2-62 生成刀轨和动态仿真效果

图 2-63 工序导航器视图

4. 后置处理

创建工序并仿真后要对工序进行后置处理。后置处理的目的是根据不同的数控系统生成机床可以识别的 NC 代码，后处理器要根据使用的机床轴数和数控系统来确定。底板是 3 轴加工零件，所以选择 "MILL_3_AXIS" 后处理器即可。具体操作过程如下。

如图 2-64 所示，同时选中 "工序导航器 - 程序顺序" 中 "下表面加工" 中的 4 道工序（也可以每个工序单独进行后处理），单击鼠标右键，选择 "后处理" 命令，弹出 "后处理" 对话框。设置 "后处理器" 为 "MILL_3_AXIS"，单击文件夹浏览按钮，确认放置后处理程序的位置，单击 "确定" 按钮，生成后置处理 NC 程序，如图 2-65 所示。

创建上表面加工工序的后置处理方法与下表面一致，不再赘述。

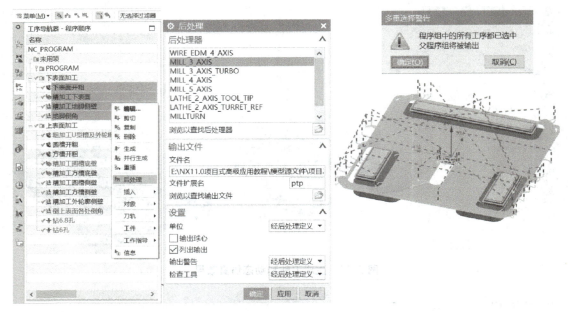

图 2-64　后置处理

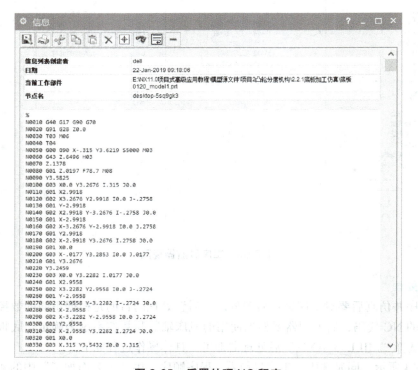

图 2-65　后置处理 NC 程序

关于工序的后置处理，需注意以下几点：

1）只有在同一程序文件夹中的工序才能同时进行后置处理。

2）后处理文件的格式为"ptp"，也可以将其另存为"txt"格式。

3）如果一次选择多个工序进行后处理，会弹出"多重选择警告"窗口，单击"确定"按钮即可。

4）"工序导航器 - 程序顺序"中的工序前可能出现三种符号：① ⊘ 表示工序没有生成刀轨；② ? 表示工序已经生成刀轨，但没有经过后置处理，且只有生成刀轨的工序才能够进行后置处理；③ ✓ 表示工序已完成后置处理。

二、分度盘数控加工仿真

分度盘毛坯的零件图如图 2-66 所示，零件加工涉及铣削 16 个侧面、钻削 8 个螺纹孔和铣削径向槽。分度盘的精度较高，但是粗、精加工的方法类似，所以本例以"一次加工到位"方法介绍加工过程，实际加工可以先留余量，再添加精加工工序。

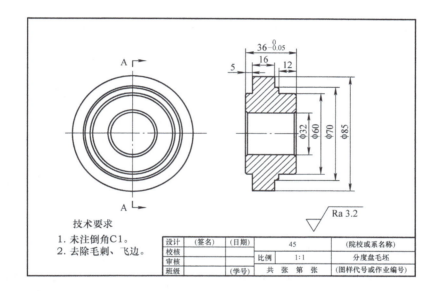

图 2-66 分度盘毛坯零件图

分度盘 16 个侧面、8 个螺纹孔的加工采用 4 轴机床，在 UG 中可以先创建一个平面的加工工序再通过"变换"命令来复制；径向槽的铣削采用 3 轴机床，加工方法为"铣削径向槽"。

在分度盘零件的 UG 加工仿真过程中，使用的加工方法可以有"底壁加工""钻孔""攻螺纹""平面铣"和"铣削径向槽"。具体的加工工序和工步见表 2-10。本节只对部分工序类型使用方法进行介绍，具体操作过程参考视频 2-16。

1. 设置加工环境

选择"文件"→"打开"命令，打开"分度盘三维模型 _model1.prt"文件，在菜单栏中选择"装配"选项卡，进入装配环境。选择"绝对原点"装配方式，将"分度盘毛坯 _model1.prt"与"分度盘三维模型 _model1.prt"模型进行装配，如图 2-67 所示。选择"应用程序"→"加工"命令，弹出"加工环境"对话框，设置"CAM 会话设置"为"cam_general"，"要创建的 CAM 组装"为"mill contour"，单击"确定"按钮。

表 2-10 分度盘加工工序和工步

工序	工步号	工步	加工方法及刀具	图示
毛坯加工	1	—	—	
4轴机床加工	2	铣削正侧面	底壁加工，D12铣刀	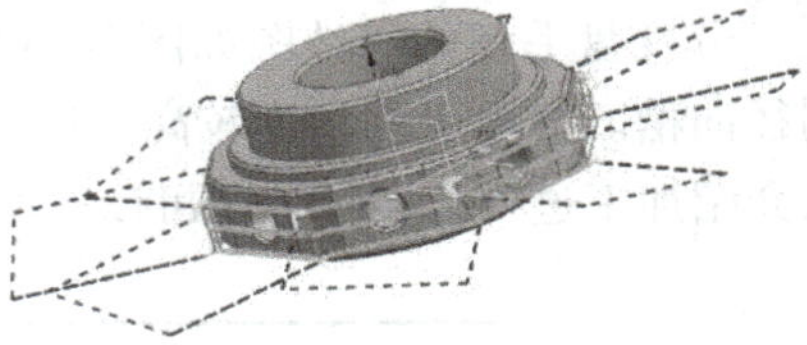
	3	铣削倒角侧面	底壁加工，D12铣刀	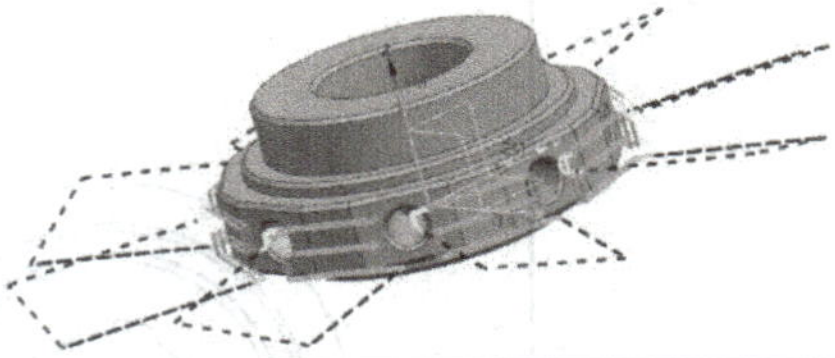
	4	钻孔	钻孔，ZT8.5	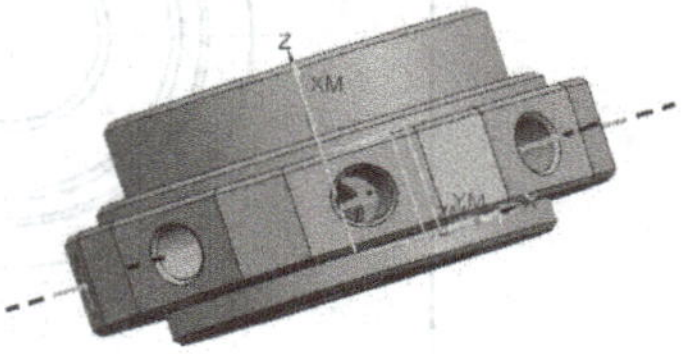
	5	孔倒角	平面铣，DJ6钻刀	
	6	攻螺纹	攻螺纹，M10	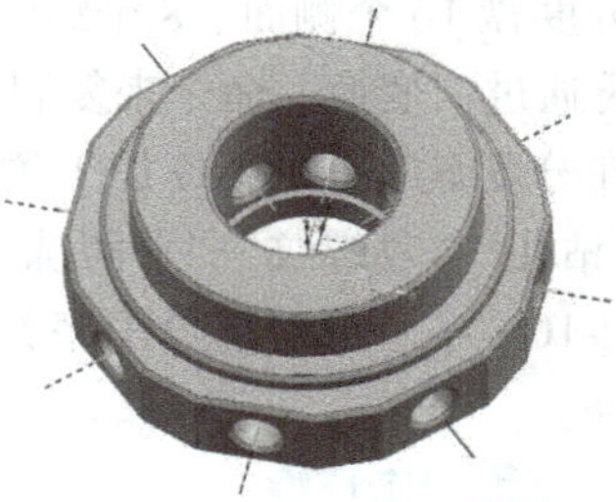
3轴机床加工	7	铣削径向槽	铣削径向槽，T_D20FL8	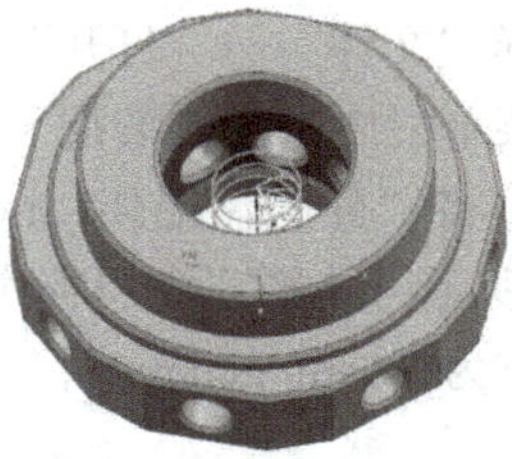

项目二 凸轮分度机构综合项目

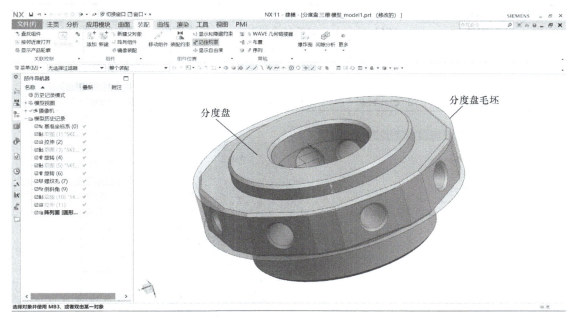

图 2-67 装配分度盘和其毛坯

（1）创建程序 切换到"工序导航器-程序顺序"，创建5个文件夹，分别命名为"铣平面A""铣平面B""钻8.5孔""孔倒角""攻螺纹"，分别用来放置相关程序，如图2-68所示。其中，"平面A"统指分度盘零件加工有螺纹孔的8个正侧面，"平面B"统指分度盘零件的8个倒角侧面。

（2）创建刀具 分度盘零件加工过程中使用的刀具类型、作用及参数见表2-11，刀具创建及参数设置方法参见本任务中的"一、底板数控加工仿真"。

（3）创建几何体

1）创建加工坐标系，分度盘的加工要经过4轴加工和3轴加工两道工序，因此要创建两个加工坐标系，即"MCS_4AXIS"和"MCS_3AXIS"，其位置和方向分别如图2-69a和图2-69b所示，具体创建方法参见本任务中的"一、底板数控加工仿真"。

2）创建加工几何体，选择"创建几何体"命令，在弹出的"创建几何体"对话框中，设置"几何体子类型"为"WORKPIECE"，"位置"为"MCS_4AXIS"，"名称"为"WORKPIECE_4AXIS"，单击"确定"按钮；选择"指定部件"命令，在视图区选择分度盘零件为部件；选择"指定毛坯"命令，在视图区选择分度盘毛坯为毛坯，如图2-70所示。

图 2-68 创建程序

表 2-11　分度盘加工刀具类型、作用及参数

刀具号	名称	刀具类型	作用	刀具参数
1	D12	MILL	加工 16 个侧面	直径 12mm，下圆角半径 0
2	ZT8.5	STD_DRILL	钻 ϕ8.5mm 孔	直径 8.5mm，刀尖角度 118°
3	DJ6	SPOT_DRILL	倒角	直径 6mm，刀尖角度 118°
4	M10	TAP	攻螺纹	直径 10mm，螺距为 1.25mm
5	T_D20FL8	T_CUTTER	铣削径向槽	直径 20mm，刃长为 8mm

图 2-69　创建加工坐标系

图 2-70　创建 WORKPIECE_4AXIS

用同样的方法创建"WORKPIECE_3AXIS",选择"指定部件"命令,在视图区选择分度盘为部件;选择"指定毛坯"命令,在视图区选择分度盘毛坯为毛坯。

2.4 轴机床加工工序创建

(1) 加工正侧面

1) 创建检查体。为了防止加工过程中出现刀具与自定心卡盘碰撞的现象,需要创建一个圆柱体作为"检查体",来代替自定心卡盘的位置,其创建方法如下。

按快捷键 <Ctrl+M> 进入建模环境,选择"草图"命令,以分度盘零件的右侧面为草图平面,以坐标系中心为原点绘制一个直径为 150mm 的圆。选择"拉伸"命令,设置拉伸距离为"12mm","布尔"运算为"无",如图 2-71 所示。选择"应用模块"→"加工"命令,回到加工环境。

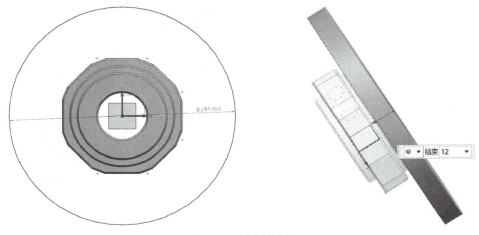

图 2-71 创建检查体

2) 创建底壁加工工序。选择"创建工序"命令,弹出"创建工序"对话框。设置"类型"为"mill_planar","工序子类型"为"底壁加工","程序"设置"铣平面A","刀具"为"D12"铣刀,"几何体"为"WORKPIECE_4AXIS","方法"设置"MILL_FINISH";在"名称"文本框中输入"铣平面A_1",单击"确定"按钮。在弹出的"底壁加工-[铣平面A_1]"对话框中,单击"指定切削区底面"按钮,选择平面A作为参考,如图 2-72 所示。

3) 设置底壁加工工序参数。在"刀轨设置"选项组中,设置"步距"为"恒定","最大距离"为"50% 刀具半径","底面毛坯厚度"为"3","每刀切削深度"为"1.5",如图 2-72 所示。打开"切削参数"对话框,"余量"选项卡中的"余量"均设置为"0","内公差""外公差"设置为"0.01","检查余量"设置为"1"。打开"进给率和速度"对话框,设置"主轴速度"为"5000","进给率切削"为"250"。切削参数、进给率和速度的相关设置方法参见本任务中的"一、底板数控加工仿真"。

4) 变换复制工序。在"工序导航器-程序顺序"中的"铣平面A_1"节点单击鼠标右键,选择"对象"→"变换"命令,弹出"变换"对话框,如图 2-73 所示。设置"类型"为"绕直线旋转";在"变换参数"选项组中,设置"直线方法"为"点和矢量","指定点"选择螺纹孔的中心点,"指定矢量"选择螺纹孔的轴线方向,"角度"为"45";在"结果"选项组中,选择"复制"单选按钮,设置"距离/角度分割"为"1","非关联副本数"为"7"。

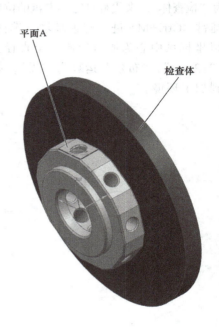

图 2-72 创建平面 A 底壁加工工序

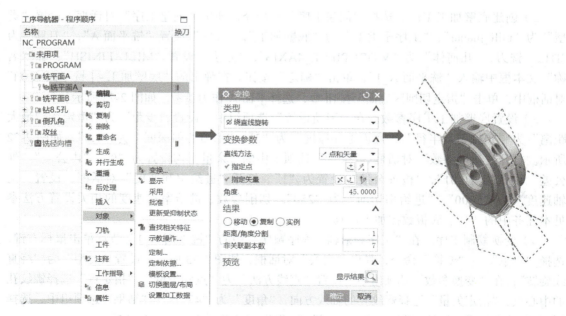

图 2-73 变换复制工序

（2）钻孔 选择"创建工序" 命令，弹出"创建工序"对话框，如图 2-74a 所示。设置"类型"为"hole_making"；"工序子类型"为"钻孔"，"程序"为"钻 8.5 孔"，"刀具"为"ZT8.5（钻刀）"，单击"确定"按钮，弹出"钻孔 – [钻 8.5 孔 _1]"对话框，如图 2-74b 所示。单击"指定特征几何体"按钮，弹出"特征几何体"对话框，如图 2-74c 所示。在视图区选择侧面 8 个孔的内表面，设置"深度"为"26"。

图 2-74 钻 φ8.5 孔

打开"进给率和速度"对话框，设置"表面速度"为"4"，"主轴速度"为"150"。选择"对象"→"变换"命令，将工序"钻 8.5 孔 _1"复制为其他 7 个孔的加工工序。钻 φ8.5mm 孔刀轨如图 2-75 所示。

图 2-75 钻 φ8.5mm 孔刀轨

（3）攻螺纹。选择"创建工序" 命令，弹出"创建工序"对话框，如图 2-76a 所示。设置"类型"为"hole_making"，"工序子类型"为"攻螺纹"，"程序"为"攻螺纹"，"刀具"为"M10（丝锥）"，"几何体"为"WORKPIECE_4AXIS"，"方法"为"DRILL_METHOD"，"名称"为"攻螺纹 1"，单击"确定"按钮，弹出"攻螺纹 -[攻螺纹 _1]"对话框，如图 2-76b 所示。选择"指定特征几何体"命令，弹出"特征几何体"对话框，如图 2-76c 所示。在视图区选择侧面 8 个孔的内表面，设置"深度"为"26"。

选择"进给率和速度"命令，弹出"进给率和速度"对话框，设置"主轴转速"为"150"。选择"对象"→"变换"命令，将工序"攻螺纹 _1"复制为其他 7 个孔的加工工序，结果如图 2-77 所示。

图 2-76 创建攻螺纹工序

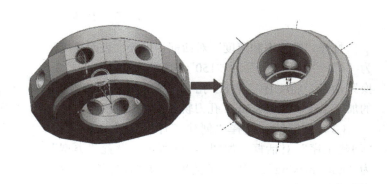

图 2-77 攻螺纹参数设置和效果

3. 创建铣削径向槽工序

（1）创建工序　选择"创建工序" 命令，弹出"创建工序"对话框，参数设置如图 2-78a 所示。单击"确定"按钮，弹出"径向槽铣 -[铣径向槽]"对话框，如图 2-78b 所示。单击"指定特征几何体"按钮 ，在视图区选择径向槽孔的内表面；在"刀轨设置"选项组中，设置"轴向步距"为"刀刃长度百分比"，"百分比"为"50"，"径向步距"的"最大距离"为"10% 刀具半径"。

项目二 凸轮分度机构综合项目

图 2-78 创建铣削径向槽工序

（2）设置其余加工工序参数　切削参数、非切削移动参数、进给率和速度参数设置参照视频 2-16。铣削径向槽加工仿真效果如图 2-79 所示。

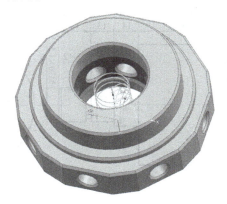

图 2-79 铣削径向槽加工仿真效果

4. 后置处理

如图 2-80 所示，设置 4 轴加工程序的"后处理器"为"MILL_4_AXIS"，单击文件夹浏览按钮，确认放置后处理程序的位置，单击"确定"按钮，生成后置处理 NC 程序。

铣削径向槽工序的后置处理方法与前面相同，但"后处理器"应选择"MILL_3_AXIS"，"输出文件"命名为"铣削径向槽 .ptp"。

图 2-80　分度盘加工程序后置处理

三、凸轮轴数控加工仿真

凸轮轴毛坯如图 2-81 所示，其加工仿真介绍中间轴段的加工，因为毛坯只有中间轴段的曲面部分没有加工，未加工轴段直径为 70mm。

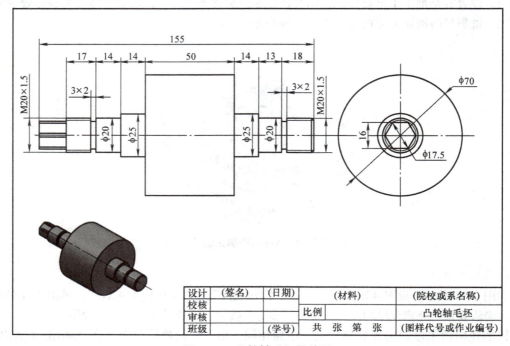

图 2-81　凸轮轴毛坯零件图

项目二 凸轮分度机构综合项目

根据毛坯条件,凸轮轴加工需要先使用 3 轴机床对中间轴段的曲面进行"对半粗加工",即先用型腔铣工序粗加工上半部分,再改变刀轴方向,粗加工下半部分;然后使用 4 轴加工机床,采用"可变轮廓铣"加工方法精加工凸轮侧壁;最后采用"旋转底面"加工方法精加工凸轮底壁。凸轮轴的加工工序和工步见表 2-12。本节只对部分工序类型的使用方法进行介绍,具体操作过程参考视频 2-17。

视频 2-17

表 2-12 凸轮轴加工工序

工序	工步号	工步	加工方法及刀具	图示
毛坯加工	1	—	—	
3 轴机床粗加工	2	上半部粗加工	型腔铣,D12 铣刀	
	3	下半部粗加工	型腔铣,D12 铣刀	
4 轴机床精加工	4	精加工凸轮侧壁 1	可变轮廓铣,R4 球头铣刀	
	5	精加工凸轮侧壁 2	可变轮廓铣,R4 球头铣刀	
	6	精加工凸轮底壁	旋转底面,R4 球头铣刀	

1. 设置加工环境

选择"文件"→"打开"命令,打开"凸轮轴三维建模_model1.prt"文件。在菜单栏中选择"装配"选项卡,进入装配环境。选择"绝对原点"装配方式,将"凸轮轴毛坯_model1.prt"与"凸轮轴三维建模_model1.prt"模型进行装配,如图2-82所示。选择"应用程序"→"加工"命令,设置"CAM会话设置"为"cam_general","要创建的CAM组装"为"mill contour"。

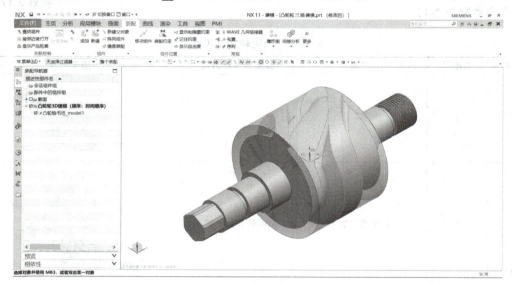

图2-82 装配分度盘和毛坯

(1)创建刀具 凸轮轴加工过程中使用的刀具类型、作用及参数见表2-13。切换到"工序导航器-机床",在加工环境中的"主页"选项卡中选择"创建刀具"命令,创建刀具的具体方法参见本任务中的"一、底板数控加工仿真"。

表2-13 凸轮轴加工刀具类型、作用及参数

刀具号	名称	刀具类型	作用	刀具参数
1	D12	MILL	上半部粗加工、下半部粗加工	直径12mm,下圆角半径0
2	R4	BALL_MILL	精加工凸轮面	球头直径8mm

(2)创建程序文件夹 切换到"工序导航器-程序顺序",在加工环境的"主页"选项卡中选择"创建程序"命令,创建"3轴_对半粗加工"和"4轴_精加工"两个文件夹,如图2-83所示,具体创建方法参见本任务中的"一、底板数控加工仿真"。

(3)创建几何体

1)设置MCS_MILL。选择"几何视图"命令,切换到"工序导航器-几何",在"MCS_MILL"节点上双击,将加工坐标系调整到中间圆柱轴段的几何中心,如图2-84所示。

图2-83 凸轮轴加工的"工序导航器-程序顺序"

项目二 凸轮分度机构综合项目

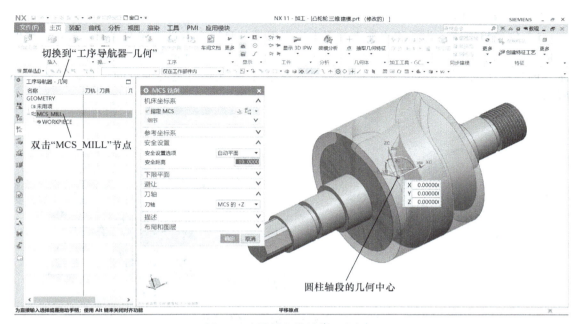

图 2-84 调整凸轮轴加工坐标系

2)设置 WORKPIECE。在"WORKPIECE"节点上双击,在视图区选择凸轮轴三维模型为部件,选择凸轮轴毛坯模型为毛坯,如图 2-85 所示。

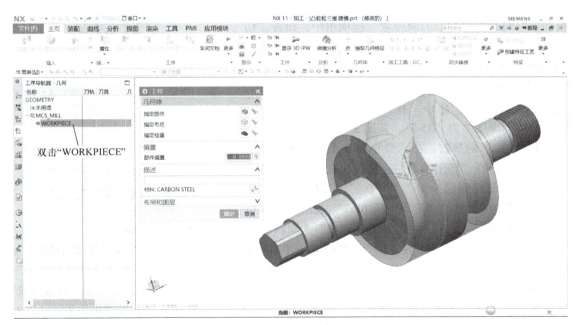

图 2-85 创建几何体

2. 创建粗加工工序

（1）上半部粗加工

1）创建检查体。为了防止加工过程中出现刀具与自定心卡盘碰撞的现象，需要在建模环境下以螺纹退刀槽侧面为草图平面，先绘制一个直径为80mm的圆，再使用"拉伸"命令创建一个高度为14mm的圆柱作为"检查体"，来代替自定心卡盘的位置，如图2-86所示。

图2-86 创建凸轮轴加工的检查体

2）创建上半部粗加工工序。选择"创建工序"命令，弹出"创建工序"对话框，相关选项和参数设置如图2-87所示。

3）设置工序参数和切削层。在"型腔铣 - 上半部粗加工"对话框中的"刀轨设置"选项组中，设置"切削模式"为"跟随周边"，"步距"为"% 刀具平直"，"平面直径百分比"为"50"，"公共每刀切削深度"为"恒定"，"最大距离"为"0.8mm"，如图2-88a所示。选择"切削层"命令，在"范围定义"选项组中，设置"范围深度"为"35.5"，如图2-88b所示。

4）设置切削参数。在"型腔铣 -[上半部粗加工]"对话框中，选择"切削参数"命令，在"余量"选项卡中，设置"部件侧面余量"为"0.2"，"检查余量"为"8"，"内公差""外公差"均为"0.03"，如图2-89a所示；在"策略"选项卡中，设置"切削顺序"为"深度优先"，如图2-89b所示。

5）设置非切削移动参数。在"型腔铣 -[上半部粗加工]"对话框中，选择"非切削移动"命令，在"进刀"选项卡中的"封闭区域"选项组中，设置"进刀类型"为"沿形状斜进刀"，"斜坡角"为"1.5"，"高度"为"0.5mm"，"最小斜面长度"为"10% 刀具半径"；在"开放区域"选项组中的"进刀类型"为"圆弧"，"半径"为"7"，如图2-90a所示。选择"非切削移动"对话框中的"转移/快速"选项卡，在"区域之间"选项组中，设置"转移类型"为"安全距离 - 最短"；在"区域内"选项组中，设置"转移类型"为"前一平面"，如图2-90b所示。

图2-87 创建上半部粗加工工序

项目二　凸轮分度机构综合项目

图 2-88　设置型腔铣工序参数

图 2-89　设置切削参数

图 2-90 设置非切削移动参数

6)设置进给率和速度。在"型腔铣-[上半部粗加工]"对话框中,选择"进给率和速度"命令,设置"主轴速度"为"5500",选择"主轴转速"后面的"计算器"命令,系统会自动计算出"表面速度"等其他参数,"进给率"输入"3500",如图 2-91 所示。

7)生成刀轨和验证刀轨。选择"生成"→"确认"命令,在"刀轨可视化"对话框中的"3D 动态"选项卡中,对加工过程进行动态仿真,如图 2-92 所示。

(2)下半部粗加工

1)复制工序。选择"机床视图"命令,切换到"工序导航器-机床",选择"D12"铣刀节点下的"上半部粗加工"工序,单击鼠标右键,选择"复制"命令,单击"D12"

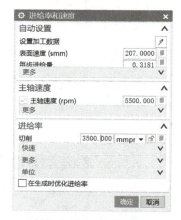

图 2-91 设置进给率和速度

铣刀节点,在该节点被选中的情况下单击鼠标右键,选择"内部粘贴"命令,将"上半部粗加工"工序粘贴到"D12"铣刀节点下,将该工序名称更改为"下半部粗加工",如图 2-93 所示。

图 2-92 生成刀轨和验证刀轨

项目二 凸轮分度机构综合项目

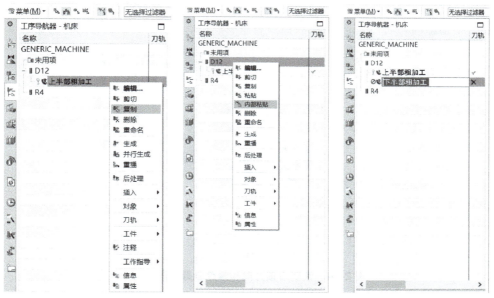

图 2-93 复制工序

2）改变刀轴方向和修改参数设置。双击修改后的工序，进入"型腔铣-[下半部粗加工]"对话框，在"刀轴"选项组中，设置"轴"为"指定矢量"，在视图区双击 ZM 轴，选择"反向"命令，将 ZM 轴改变为反向，如图 2-94a 所示。在"型腔铣-[上半部粗加工]"对话框中，选择"切削层"命令，在"范围定义"选项组中，设置"范围深度"为"35.5"，如图 2-94b 所示。

> 注意：将刀轴方向改为"上半部粗加工"工序中刀轴方向的反方向时，将弹出"警告"窗口，单击"确定"按钮即可。"警告"窗口提示使用者改变刀轴方向后，切削层的切削范围发生了改变，必须重新设置。

a)

图 2-94 改变刀轴方向和修改参数设置

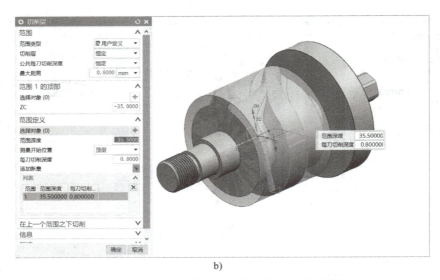

b)

图 2-94　改变刀轴方向和修改参数设置（续）

3）生成刀轨和验证刀轨。返回"型腔铣 -[下半部粗加工]"对话框，选择"生成" →"确认" 命令，在"刀轨可视化"对话框中的"3D 动态"选项卡中对加工过程进行动态仿真，如图 2-95 所示。

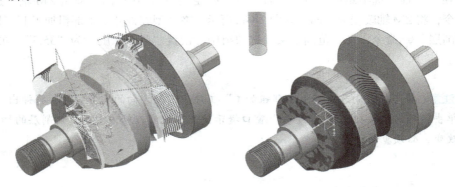

图 2-95　下半部粗加工刀轨

3. 创建精加工侧壁工序

（1）精加工凸轮侧壁 1

1）创建工序。选择"创建工序"命令，弹出"创建工序"对话框，如图 2-96 所示。设置"类型"为"mill_multi-axis"，"工序子类型"为"可变轮廓铣"，"程序"为"4 轴 _ 精加工"，"刀具"为"R4（铣刀 – 球头铣刀）"，"几何体"为"MCS_MILL"，"方法"为"MILL_FINISH"，"名称"为"精加工凸轮侧壁 1"。

2）设置驱动方法。如图 2-97a 所示，在"可变轮廓铣 -[精加工凸轮侧壁 1]"对话框中，设置"驱动方法"为"曲面"，弹出"曲面区域驱动方法"对话框，如图 2-97b 所示。选择"指定驱动几何体"命令，弹出"驱动几何体"对话框，如图 2-97c 所示。在视图区选择凸轮侧壁 1 作为驱动曲面，如图 2-97d 所示，单击"确定"按钮，返回"曲面区域驱动方法"对话框，选择"切削方向" 命令,选择图 2-97e 所示的凸轮侧壁 1 上的靠外侧的箭头作为切削方向,返回"曲面区域驱动方法"对话框;在"驱动设置"选项组中设置"切削模式"为"往复","步距"为"残余高度","最大残余高度"为"0.0025";在"更多"选项组中,设置"切削步长"为"公差","内公差""外公差"均为"0.001",如图 2-97b 所示。

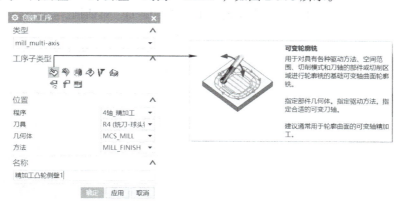

图 2-96 "创建工序"对话框

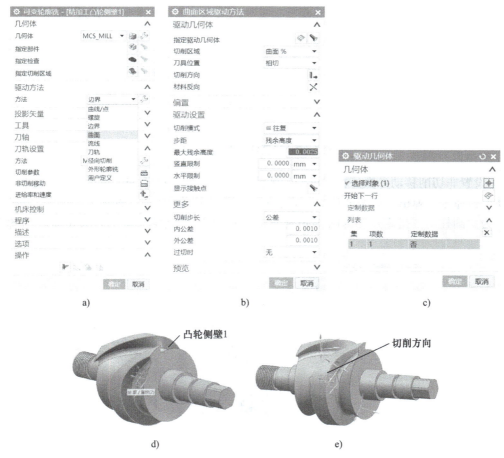

图 2-97 设置驱动方法

3）设置投影矢量和刀轴。在"可变轮廓铣-[精加工凸轮侧壁1]"对话框中，如图2-98a所示，在"投影矢量"选项组中设置"矢量"为"垂直于驱动体"，"刀轴"为"4轴，相对于驱动体"，弹出"4轴，相对于驱动体"对话框，如图2-98b所示。在视图区选择图2-98c所示的圆柱面作为旋转轴矢量，在"4轴，相对于驱动体"对话框中，设置"旋转角度"为"70"，单击"确定"按钮，返回"可变轮廓铣-[精加工凸轮侧壁1]"对话框。

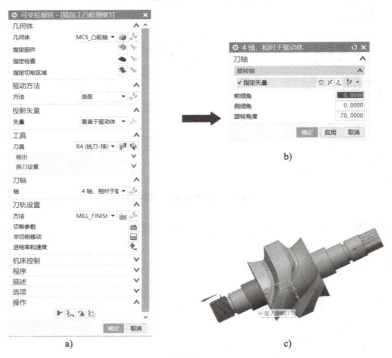

图2-98 设置投影矢量和刀轴

4）设置非切削移动参数。在"可变轮廓铣-[精加工凸轮侧壁1]"对话框中，选择"非切削移动"命令，弹出"非切削移动"对话框。选择"转移/快速"选项卡，设置"安全设置选项"为"圆柱"，"指定点"为图2-99所示的圆弧中心，"指定矢量"为XM轴，"半径"为"45"。

图2-99 设置非切削移动参数

项目二　凸轮分度机构综合项目

5）设置进给率和速度。在"可变轮廓铣-[精加工凸轮侧壁1]"对话框中，选择"进给率和速度"命令，设置"主轴转速"为"6000"，选择"计算器"命令，"进给率切削"设置为"1500"。

6）生成刀轨。选择"生成"命令，生成精加工凸轮侧壁1刀轨如图2-100所示。

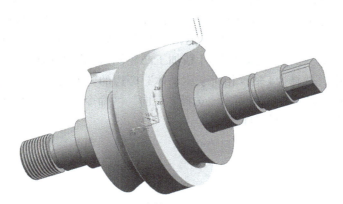

图2-100　生成精加工凸轮侧壁1刀轨

（2）精加工凸轮侧壁2

1）复制工序。选择"精加工凸轮侧壁1"工序，单击鼠标右键，选择"复制"命令，选择"R4"节点，单击鼠标右键，选择"内部粘贴"命令，将工序重命名为"精加工凸轮侧壁2"，如图2-101所示。

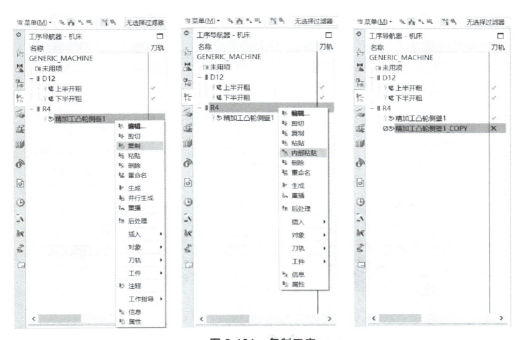

图2-101　复制工序

2）修改驱动几何体设置。双击"精加工凸轮侧壁2"工序，打开"可变轮廓铣 -[精加工凸轮侧壁2]"对话框，如图2-102a所示。设置"驱动方法"为"曲面"，选择"编辑"命令，弹出"曲面区域驱动方法"对话框，如图2-102b所示。选择"指定驱动几何体"命令，弹出"驱动几何体"对话框，如图2-102c所示。选择"删除"命令，删除已选择的凸轮侧壁1，在视图区重新选择凸轮侧壁2，如图2-102d所示，单击"确定"按钮，返回"曲面区域驱动方法"对话框，选择"切削方向"命令，在视图区选择图2-102e所示的凸轮侧壁2上的靠外侧的箭头作为切削方向，单击"确定"按钮，返回"可变轮廓铣 – [精加工凸轮侧壁2]"对话框。

3）修改刀轴方向。在"可变轮廓铣 -[精加工凸轮侧壁2]"对话框中，如图2-103a所示。在"刀轴"选项组中，选择"4轴，相对于驱动体"旁边的"编辑"命令，弹出"4轴，相对于驱动体"对话框，如图2-103b所示。选择"反向"命令，单击"确定"按钮，返回"可变轮廓铣 -[精加工凸轮侧壁2]"对话框。

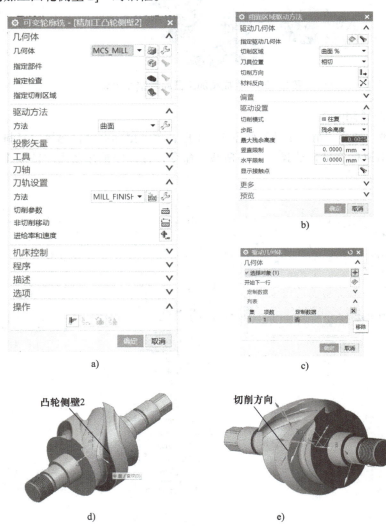

图 2-102　修改驱动曲面和切削方向

项目二 凸轮分度机构综合项目

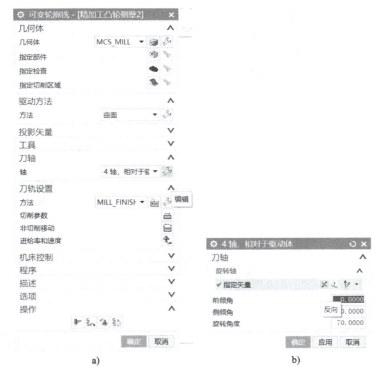

图 2-103 修改刀轴方向

4）生成刀轨。在"可变轮廓铣 -[精加工凸轮侧壁 2]"对话框中，选择"生成"命令，生成的精加工凸轮侧壁 2 刀轨如图 2-104 所示。

4. 创建精加工底壁工序

（1）创建工序 选择"创建工序"命令，弹出"创建工序"对话框，如图 2-105 所示。设置"类型"为"mill_rotary"，"工序子类型"为"旋转底面"，"程序"为"4 轴_精加工"，"刀具"为"R4（铣刀 – 球头铣刀）"，"几何体"为"MCS_MILL"，"方法"为"MILL_FIN-ISH"，"名称"为"精加工凸轮底壁"，单击"确定"按钮，弹出"旋转底面-[精加工凸轮底壁]"对话框。

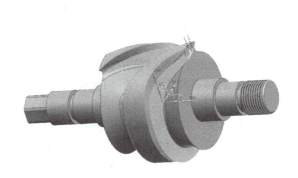

图 2-104 生成精加工凸轮侧壁 2 刀轨

图 2-105 "创建工序"对话框

（2）设置几何体　在弹出的"旋转底面-[精加工凸轮底壁]"对话框中，如图2-106a所示，选择"指定部件" 命令，在视图区选择凸轮轴作为部件几何体；选择"指定底面" 命令，如图2-106b所示，在视图区选择凸轮轴底面（不含圆角面）；选择"指定壁" 命令，如图2-106c所示，在视图区选择凸轮轴侧壁1、侧壁2（不含圆角面）。

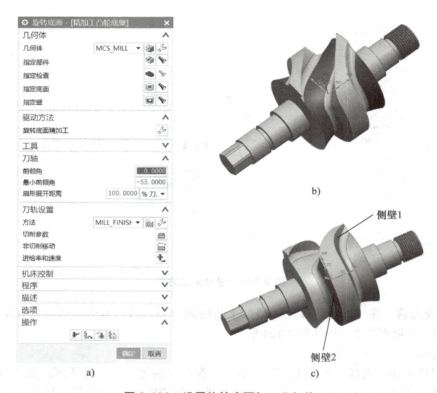

图2-106　设置旋转底面加工几何体

（3）设置驱动方法　在"旋转底面-[精加工凸轮底壁]"对话框中，选择"驱动方法"中"旋转底面精加工"的"设置" 命令，弹出"旋转底面精加工驱动方法"对话框，如图2-107所示。设置"旋转轴"为"+XM"，"步距"为"残余高度"，"最大残余高度"为"0.005"，选择"材料反向" 命令，确认箭头指向部件的外侧，单击"确定"按钮，返回"旋转底面-[精加工凸轮底壁]"对话框。

（4）设置刀轴参数　在"旋转底面-[精加工凸轮底壁]"对话框中的"刀轴"选项组中，设置"前倾角"为"0"，"最小前倾角"为"-55"，"扇形展开距离"为"100%刀具半径"，如图2-108所示。

（5）设置切削参数、非切削移动参数、进给率和速度　在"旋转底面-[精加工凸轮底壁]"对话框中，选择"切削参数" 命令，在"余量"选项卡中的"组件余量"文本框中输入"0"，设置"内公差""外公差"均为"0.001"；在"旋转底面-[精加工凸轮底壁]"对话框中，选择"非切削移动" 命令，在"转移/快速"选项卡中，设置"公共安全设置"为"圆柱"，选择图 2-109 所示的圆弧中心为"指定点",设置"指定矢量"为 XC 轴,"半径"为"45";选择"进给率和速度"命令,设置"主轴速度"为"4500","进给率切削"为"2500"。单击"确定"按钮,返回"可变轮廓铣 -[精加工凸轮底壁]"对话框。

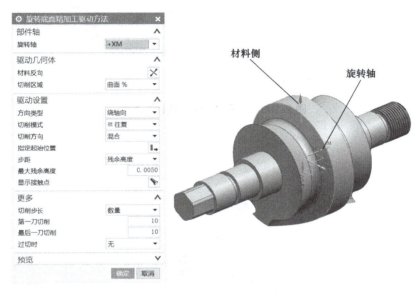

图 2-107　设置驱动方法

（6）生成刀轨　在"可变轮廓铣 -[精加工凸轮底壁]"对话框中,选择"生成"命令,生成精加工底壁刀轨如图 2-110 所示。

5. 后置处理

选择"上半部粗加工"和"下半部粗加工"两个程序文件,单击鼠标右键,选择"后处理"命令,设置"后处理器"为"MILL_3_AXIS",如图 2-111 所示,单击"确定"按钮,生成后置处理 NC 程序。

图 2-108　设置刀轴参数

图 2-109　设置"转移/快速"参数

图 2-110　生成精加工底壁刀轨

图 2-111　3 轴加工程序的后置处理

对"精加工凸轮侧壁1""精加工凸轮侧壁2"和"精加工凸轮底壁"3个程序文件进行后置处理,设置"后处理器"为"MILL_4_AXIS",程序文件命名为"4轴_精加工.ptp"。

项目二 相关图样和课后习题

1. 根据凸轮分度机构的其他零件图(图2-112)创建三维模型,并完成装配。

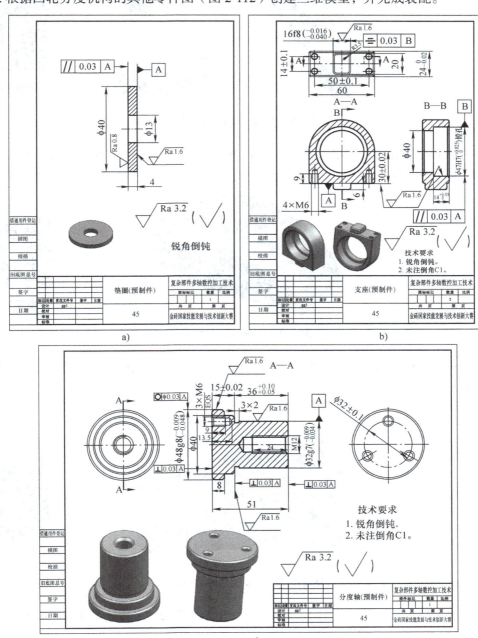

图2-112 凸轮分度机构零件图

2. 利用曲面建模命令如"通过曲线网格""扫掠""曲面上的曲线""阵列"等完成饮料瓶（图2-113）的三维建模。

视频2-18

图2-113　饮料瓶三维模型

3. 利用曲面建模命令如"通过曲线组""修剪片体""延伸片体""N边曲面"等完成鼠标（图2-114）的三维建模。

视频2-19

图2-114　鼠标三维模型

4. 利用曲面建模和同步建模命令如"X成型""I成型""替换面""拉出面"等完成单反相机（图2-115）的三维建模。

视频2-20

图2-115　单反相机三维模型

5. 利用平面铣工具，根据图2-116所示零件图中的要求完成平面铣零件数控加工仿真和后置处理。

项目二　凸轮分度机构综合项目

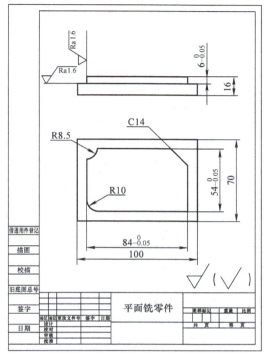

视频 2-21

图 2-116　平面铣零件的零件图

6. 根据图 2-117 所示零件图中的要求完成塑料肥皂盒盖凹模的数控加工仿真和后置处理。

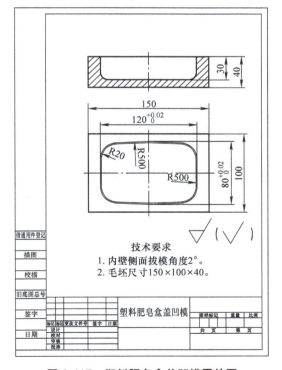

视频 2-22

图 2-117　塑料肥皂盒盖凹模零件图

7. 根据图 2-118 所示零件图中的要求完成塑料餐碗凸模的数控加工仿真和后置处理。

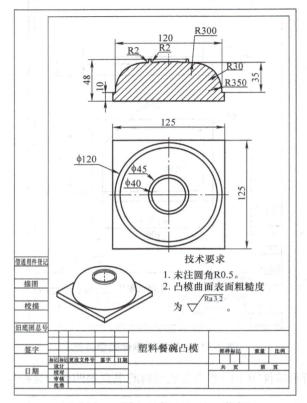

图 2-118　塑料餐碗凸模零件图

8. 根据图 2-119 所示的熊猫模型完成熊猫模型的雕刻加工仿真和后置处理。

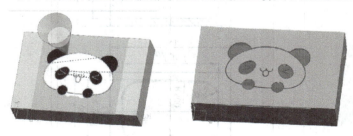

图 2-119　熊猫模型

项目三

企业产品实战

学习目标

1）能够掌握进入加工环境的一般流程和设置方法。
2）理解 UG NX 11.0 "工序" "机床" "几何体" "加工方法" 4 个导航器的用途和使用方法。
3）熟练掌握工件加工时的参数选择，以及 "可变轮廓铣" "固定轮廓铣" "型腔铣" 等加工常用方法。
4）了解多轴机床典型样件的加工处理方法。

项目描述

装备制造业是国家工业之基石，它是新技术、新产品开发和现代工业生产的重要手段，是不可或缺的战略性产业。随着我国国民经济迅速发展和国防建设的需求，五轴联动数控机床已成为一个国家制造业水平的象征。五轴联动数控机床是一种科技含量高、精密度高、专门用于加工复杂曲面的机床，它是解决叶轮、叶片、船用螺旋桨、重型发电机转子、汽轮机转子、大型柴油机曲轴等加工的唯一手段，当代数控技术人才需要掌握五轴联动数控机床编程技术。本项目收集了在企业实际加工中的 3 个复杂曲面案例。其中，可乐瓶底凹模加工为 3 轴加工案例，"金元宝" 和叶轮加工为 5 轴加工案例。

项目实施

任务一　可乐瓶底凹模加工

可乐瓶底凹模是 3 轴铣削加工的零件，毛坯为 100mm×100mm×50mm 的矩形块，上表面余量为 0.5mm。其加工的难点在于零件的表面精度要求较高，且整体形状较为陡峭，所以在 UG 加工过程中选用 "平面铣" 加工毛坯上表面、"型腔铣" 分层等高粗加工型腔和 "区域轮廓铣" 精加工型腔内表面，其加工工序和工步见表 3-1。

视频 3-01

表 3-1　可乐瓶底凹模加工工序和工步

工序	工步	加工方法、刀具	图示
毛坯加工	略	略	

（续）

工序	工步	加工方法、刀具	图示
凹模型腔加工	1. 铣削上表面	平面铣 D14R0 铣刀	
	2. 粗加工型腔	型腔铣 D14R0 铣刀	
	3. 型腔剩余铣削	剩余铣 D10R5 球头铣刀	
	4. 精加工型腔内表面	区域轮廓铣 D10R5 球头铣刀	

一、进入加工模块

选择"应用模块"→"加工"命令，进入加工模块，在"加工环境"对话框中设置"CAM 会话配置"为"cam_general"，"要创建的 CAM 组装"为"mill_planar"，如图 3-1 所示。

二、加工准备

（1）创建几何体 创建几何体包括创建 MCS（加工坐标系）和 WORKPIECE（部件和毛坯），加工坐标系需和实际加工时的对刀位置相同，此零件毛坯为方料，为方便对刀，将 MCS 设定在毛坯上表面中心。

1）创建加工坐标系。选择"几何视图" 命令，切换到"工序导航器 - 几何"窗口，双击"MCS_MILL"节点，弹出"MCS 铣削"对话框。把 MCS 坐标系设置在毛坯的上表面中心，如图 3-2 所示。

图 3-1 "加工环境"对话框

2）创建部件和毛坯。双击刚刚创建的"MCS_MILL"下的"WORKPIECE"节点，弹出"工件"对话框。选择"指定部件" 命令，弹出"部件几何体"对话框，选择零件模型，单

项目三 企业产品实战

击"确定"按钮。选择"指定毛坯" 命令,弹出"毛坯几何体"对话框,设置"类型"为"包容块","ZM+"为"0.5",单击"确定"按钮,如图3-3所示。

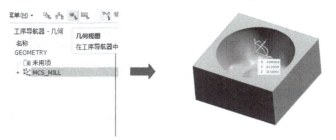

图 3-2 创建加工坐标系

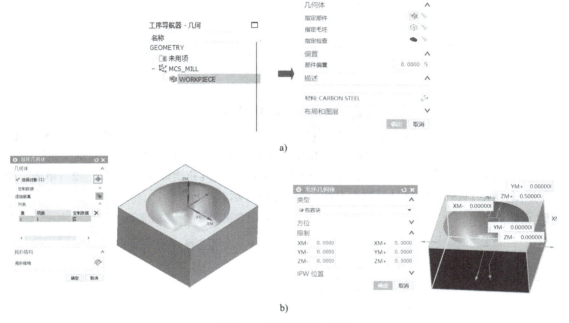

图 3-3 创建部件和毛坯

(2)创建刀具 可乐瓶底凹腔加工所需刀具类型、作用及参数见表3-2。

表 3-2 可乐瓶底凹腔加工所需刀具类型、作用及参数

刀具号	名称	刀具类型	作用	刀具参数
1	D14R0	MILL	铣削上表面和型腔粗加工	直径14mm,下圆角半径0
2	R5	BALL_MILL	精加工面	球头直径10mm

选择"创建刀具" 命令,弹出"创建刀具"对话框。设置"刀具子类型"为"mill",刀具"名称"为"D14R0";单击"确定"按钮,在弹出的"铣刀-5参数"对话框中输入刀具"直径"为"14","刀具号""补偿寄存器""刀具补偿寄存器"均为"1";单击"确定"按钮,在刀具列表中将显示这把刀具,如图3-4所示。

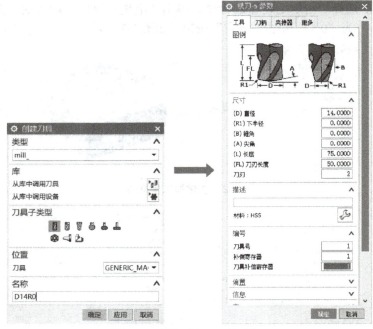

图 3-4　创建"D14R0"铣刀

选择"创建刀具" 命令，弹出"创建刀具"对话框。设置"刀具子类型"为"ball_mill"，输入刀具"名称"为"D10R5"；单击"确定"按钮，在弹出的"铣刀－球头铣"对话框中输入"球直径"为"10"，"刀具号""补偿寄存器""刀具补偿寄存器"均为"2"；单击"确定"按钮，在刀具列表中将显示这把刀具，如图3-5所示。

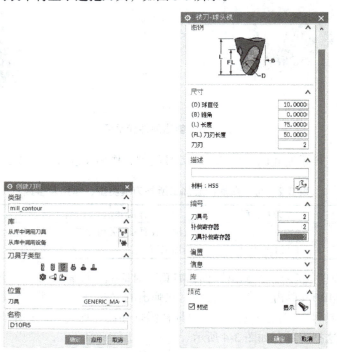

图 3-5　创建"D10R5"球头铣刀

三、创建程序

1. 铣平工件上表面

1）创建平面铣工序。选择"创建工序"命令，弹出"创建工序"对话框。设置"类型"为"mill_planar"，"工序子类型"为"平面铣"，"刀具"为"D14R0（铣刀-5参数）"，"几何体"为"WORKPIECE"，"方法"为"MILL_FINISH"，"名称"为"加工上表面余量"，单击"确定"按钮，如图3-6所示。

图 3-6 创建平面铣工序

2）设置部件边界。在弹出的"平面铣"对话框中，选择"指定毛坯边界"命令，进入"边界几何体"对话框，设置"模式"为"面"；进入"创建边界"对话框，设置"类型"为"封闭"，"平面"为"自动"，"材料侧"为"内侧"，"刀具位置"为"对中"，单击选择工件上表面方形的4条边；单击"确定"按钮，回到"边界几何体"对话框，并将"凸边"设置为"对中"，再次单击"确定"按钮，如图3-7所示。

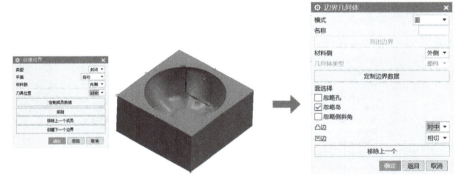

图 3-7 设置部件边界

3）设置底面。选择"指定底面"命令，弹出"平面"对话框，选择工件上表面，单击"确定"按钮，如图3-8所示。

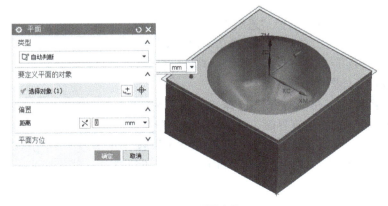

图 3-8 设置底面

4)设置刀轨。在"刀轨设置"选项组中,设置"切削模式"为"单向","步距"为"%刀具平直","平面直径百分比"为"50",如图3-9所示。

5)设置非切削移动参数。选择"非切削移动"命令,进入"非切削移动"对话框,选择"进刀"选项卡,将"开放区域"选项组中的"进刀类型"改为"圆弧","半径"为"60%刀具平直";选择"退刀"选项卡,将"退刀类型"改为"与进刀相同",单击"确定"按钮,如图3-10所示。

图3-9 设置刀轨

图3-10 设置非切削移动参数

6)设置进给率和速度。选择"进给率和速度"命令,进入"进给率和速度"对话框。设置"主轴速度"为"4500","进给率切削"为"350",选择"计算器"命令,单击"确定"按钮,如图3-11所示。

7)生成刀轨和动态仿真效果。选择"生成"→"确认"命令,进入动态仿真界面,选择"播放"命令,开始仿真,仿真结束检查刀轨无误后,单击"确定"按钮,回到"平面铣"对话框,再次单击"确定"按钮,完成平面铣削加工,如图3-12所示。

图3-11 设置进给率和速度

图 3-12 生成刀轨和动态仿真效果

2. 型腔粗加工

1）创建型腔铣工序。选择"创建工序" 命令，弹出"创建工序"对话框。设置"类型"为"mill_contour"，"工序子类型"为"型腔铣"，"刀具"为"D14R0（铣刀 – 球头铣）"，"几何体"为"WORKPIECE"，"方法"为"MILL_ROUGH"，"名称"为"型腔开粗"，单击"确定"按钮，如图 3-13 所示。

2）设置刀轨。在"刀轨设置"选项组中，设置"切削模式"为"跟随部件"，"步距"为"% 刀具平直"，"平面直径百分比"为"50"，"公共每刀切削深度"为"恒定"，"最大距离"输入"0.5mm"，如图 3-14 所示。

图 3-13 创建型腔铣工序

图 3-14 设置刀轨

3）设置切削参数。选择"切削参数" 命令，弹出"切削参数"对话框。选择"余量"选项卡，勾选"使底面余量与侧面余量一致"，在"部件侧面余量"输入"0.5"，单击"确定"按钮，如图 3-15 所示。

4）设置非切削移动参数。选择"非切削移动" 命令，弹出"非切削移动"对话框。选择"进刀"选项卡，在"封闭区域"选项组中设置"进刀类型"为"插削"，"高度"为"0.2mm"，单击"确定"按钮，如图 3-16 所示。

图 3-15　设置切削参数

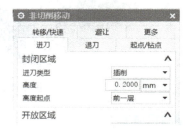

图 3-16　设置非切削移动参数

5）设置进给率和速度。选择"进给率和速度"命令，弹出"进给率和速度"对话框。勾选"主轴速度（rpm）"并输入"3000"；在"进给率"中的"切削"文本中输入"450"；选择"切削"文本框后面的"计算器"命令，再单击"确定"按钮，如图 3-17 所示。

6）生成刀轨和动态仿真效果。选择"生成"命令，生成刀轨；单击"确认"按钮，进入动态仿真界面；选择"播放"命令，开始仿真；仿真结束检查刀轨无误后，单击"确定"按钮，回到"型腔铣"对话框，再次单击"确定"按钮，完成型腔铣削加工，如图 3-18 所示。

图 3-17　设置进给率和速度

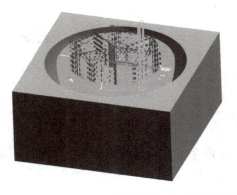

图 3-18　生成刀轨和动态仿真效果

3. 型腔剩余铣加工

1）创建剩余铣工序。选择"创建工序"命令，弹出"创建工序"对话框。设置"类型"为"mill_contour"，"工序子类型"为"剩余铣"，"刀具"为"R5（铣刀-球头铣）"，"几何体"

为"WORKPIECE",单击"确定"按钮,如图3-19所示。

2)设置刀轨。在"刀轨设置"选项组中,设置"切削模式"为"跟随部件","步距"为"残余高度","最大残余高度"为"0.25","公共每刀切削深度"为"残余高度","最大残余高度"为"0.03",如图3-20所示。

图3-19 创建型腔铣工序

图3-20 设置刀轨

3)设置切削参数。选择"切削参数"命令,弹出"切削参数"对话框。选择"余量"选项卡,勾选"使底面余量与侧面余量一致",在"部件侧面余量"文本框中处输入"0.25","内公差""外公差"均设置为"0.03",单击"确定"按钮,如图3-21所示。

4)设置非切削移动参数。选择"非切削移动"命令,弹出"非切削移动"对话框"。选择"进刀"选项卡,在"封闭区域"中设置"进刀类型"为"插削","高度"为"0.2mm",单击"确定"按钮,如图3-22所示。

图3-21 设置切削参数

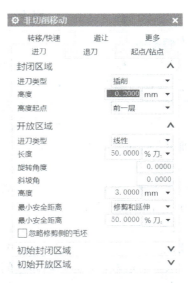

图3-22 设置非切削移动参数

5)设置进给率和速度。选择"进给率和速度"命令,弹出"进给率和速度"对话框。勾选"主轴速度(rmp)"并输入"4500";在"进给率"中的"切削"文本框中输入"300";选择"切削"文本框后面的"计算器"命令,再单击"确定"按钮,如图3-23所示。

6)生成刀轨和动态仿真效果。选择"生成"命令,生成刀轨;单击"确认"按钮,进入动态仿真界面;选择"播放"命令,开始仿真;仿真结束检查刀轨无误后,单击"确定"按钮,回到"剩余铣"对话框;再单击"确定"按钮,完成剩余铣削加工,如图3-24所示。

图3-23 设置进给率和速度

图3-24 生成刀轨和动态仿真效果

4. 型腔精加工

1)创建区域轮廓铣工序。选择"创建工序"命令,弹出"创建工序"对话框。设置"类型"为"mill_contour","工序子类型"为"区域轮廓铣","刀具"为"R5(铣刀-球头铣)","几何体"为"WORKPIECE",单击"确定"按钮,如图3-25所示。

2)设置切削区域。选择"指定切削区域"命令,弹出"切削区域"对话框。选择型腔内表面,单击"确定"按钮,如图3-26所示。

3)设置驱动方法。设置"驱动方法"中的"方法"为"区域铣削",选择"编辑"命令,进入"区域铣削驱动方法"对话框。设置"陡峭空间范围"中的"方法"为"无","驱动设置"中的"非陡峭切削模式"为"径向往复","刀路中心"为"自动","刀路方向"为

图3-25 创建区域轮廓铣工序

"向内","切削方向"为"顺铣","步距"为"残余高度","最大残余高度"为"0.1mm",单击"确定"按钮,如图 3-27 所示。

图 3-26 设置切削区域

图 3-27 设置驱动方法

4)设置非切削移动参数。选择"非切削移动"命令,进入"非切削移动"对话框。选择"进刀"选项卡,设置"开放区域"中的"进刀类型"为"线性",单击"确定"按钮,如图 3-28 所示。

5)设置进给率和速度。选择"进给率和速度"命令,进入"进给率和速度"对话框。勾选"主轴速度(rpm)",并输入"6500";在"进给率"中的"切削"文本框中输入"300",选择后面的"计算器"命令,单击"确定"按钮,如图 3-29 所示。

图 3-28 设置非切削移动参数　　　　　图 3-29 设置进给率和速度

6）生成刀轨和动态仿真效果。选择"生成"命令，生成刀轨；选择"确认"命令，进入动态仿真界面；选择"播放"命令，开始仿真；仿真结束检查刀轨无误后，单击"确定"按钮，回到"区域轮廓铣"对话框，再单击"确定"按钮，完成型腔精加工，如图 3-30 所示。

图 3-30 生成刀轨和动态仿真效果

四、后置处理

"后处理器"主要根据使用机床的轴数和数控系统来确定。本实例使用 i5M8 机床加工，且可乐瓶底凹模是 3 轴机床加工的零件，因此，"后处理器"选择"i5 三轴"，具体操作过程如图 3-31 所示。

项目三 企业产品实战

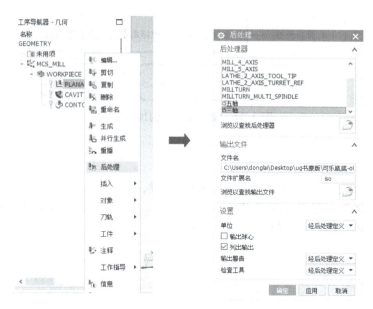

图 3-31 后置处理程序

任务二 金元宝加工

金元宝作为 5 轴机床加工的典型零件,它具有 5 轴联动加工的侧面特征,同时还具有 3+2 轴粗加工的特点,金元宝实体模型如图 3-32 所示。

一、金元宝工艺简述

金元宝是 5 轴加工的简单工艺品,表面质量要求较高,对接刀痕要求自然光整。整体加工过程以零件表面的精加工为主,注意留适当的粗加工余量值(1.5mm)、半精加工余量值(0.5mm)。其毛坯长、宽、高分别为 100mm、50mm、50mm,将金元宝包覆其中,金元宝毛坯模型如图 3-33 所示。

视频 3-02

图 3-32 金元宝实体模型

图 3-33 金元宝毛坯模型

根据金元宝实体模型及工艺简述可以分析出其加工思路,如图 3-34 所示。该零件的加工思路并不固定,读者可思考自己的建模思路。

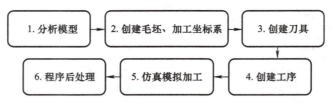

图 3-34　金元宝模型的加工思路

二、分析模型

在建模环境中，打开"金元宝_model.prt"文件，利用"分析"中的"测量距离"、"局部半径"命令，可以知道该模型长、宽、高、最小半径大概是 91.97mm、46.10mm、42.36mm、0.48mm，模型分析过程如图 3-35 所示。

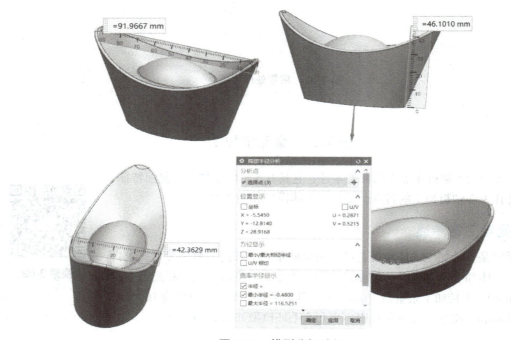

图 3-35　模型分析过程

三、加工准备

1）设置 WORKPIECE。在建模环境中以零件底面为参考平面拉伸建立长、宽、高分别为 100mm、50mm、50mm 的毛坯，将零件包覆其中（"布尔"为"无"）。单击"应用模块"→"加工"按钮，双击"WORKPIECE"，指定部件为金元宝模型，指定毛坯为长方体，毛坯和部件三维模型如图 3-36 所示。

2）设置 MCS。选择"几何视图"命令，

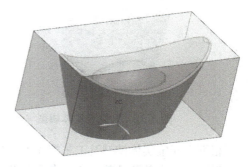

图 3-36　毛坯和部件三维模型

双击"MCS_MILL",弹出"MCS"对话框,建立加工坐标系,如图 3-37 所示。

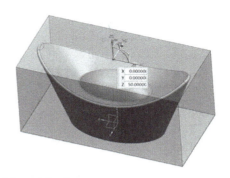

图 3-37 创建加工坐标系

四、创建刀具

金元宝的加工需要 4 把刀具,分别为 ϕ12mm 立铣刀、ϕ6mm 立铣刀、R5mm 球头铣刀、R2mm 球头铣刀,选择"创建刀具"命令,进行刀具的创建,前两把刀具的"刀具子类型"为"MILL",名称分别为"D12""D6";其余两把刀具的"刀具子类型"为"BALL_MILL",名称分别为"R5""R2"。4 把刀具的参数对话框如图 3-38 所示。

五、创建工序

1. 金元宝粗加工

1)创建程序。选择"创建工序"命令,进行工序的创建。设置"类型"为"mill_contour","工序子类型"为"型腔铣",其他参数设置如图 3-39 所示。

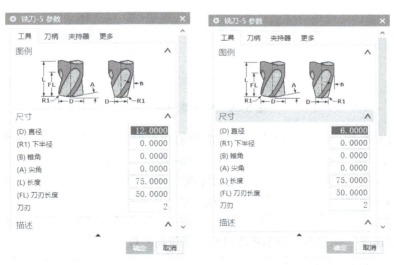

a)

图 3-38 刀具参数对话框

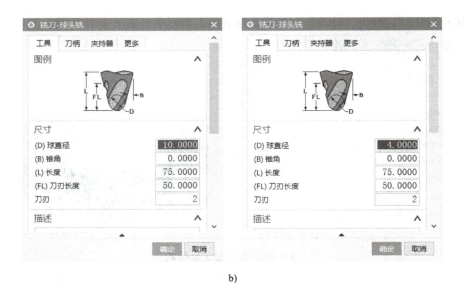

b)

图 3-38 刀具参数对话框（续）

图 3-39 创建型腔铣工序

2）设置加工参数。在"型腔铣"对话框中的"刀轴"选项组中，设置"轴"为"指定矢量"，选择"YC 轴"为"指定矢量"，如图 3-40a 所示。选择"切削层"命令，打开"切削层"对话框，将"范围定义"中的"范围深度"设置为"25.5"，"每刀切削深度"设置为"0.5"。选择"切削参数"命令，打开"切削参数"对话框，将"策略"选项卡中的"切削顺序"改为"深度优先"，"余量"选项卡中的"部件侧面余量"改为"0.25"，如图 3-40b 所示。选择"进给率和速度"命令，根据零件材质设置切削参数。

3）生成刀轨和确认刀轨。选择"生成"命令，生成刀轨；选择"确认"命令，进入动态仿真界面；选择"播放"命令开始仿真；仿真结束检查刀轨无误后，单击"确定"按钮，回到"区域轮廓铣"对话框；再次单击"确定"按钮，完成型腔精加工，如图 3-41a 所示。继续创建第二个刀轨将其中的"刀轴"设置为"-YC 轴",如图 3-41b 所示。

a)

b)

图 3-40 设置型腔铣参数

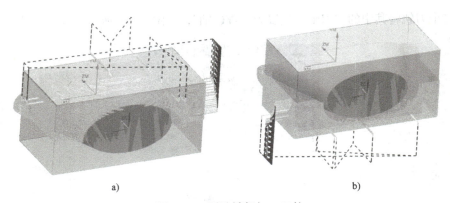

图 3-41 型腔铣粗加工刀轨

2. 金元宝二次粗加工

1）创建工序。选择"创建工序" 命令，进行工序的创建。设置"类型"为"mill_contour"，"工序子类型"为"型腔铣"，其他参数设置如图 3-42 所示。

图 3-42 创建型腔铣工序

2）设置加工参数。在"型腔铣"对话框中，选择"指定部件"命令，在视图区选择金元宝模型，如图 3-43 所示。

图 3-43 指定部件几何体

在"型腔铣"对话框中,选择"指定切削区域"命令,在视图区选择金元宝模型上部曲面,如图 3-44 所示。

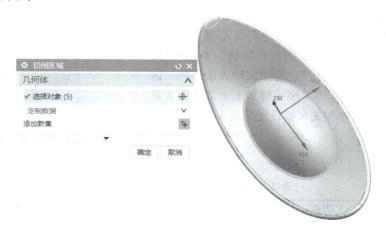

图 3-44 指定切削区域

在"型腔铣"对话框中,其他参数设置如图 3-45a 所示。选择"切削层"命令,切削层参数设置如图 3-45b 所示。

图 3-45 设置型腔铣参数和切削层参数

3)生成刀轨和确认刀轨。选择"生成"命令,生成刀轨;选择"确认"命令,进入动态仿真界面;选择"播放"命令,开始仿真;仿真结束检查刀轨无误后,单击"确定"按钮,回到"型腔铣"界面,再次单击"确定"按钮,完成型腔铣二次粗加工,如图3-46所示。

3. 金元宝 3 轴精加工

金元宝3轴精加工工序分别为元宝上部曲面与圆角的精加工,要求加工后的效果是表面光滑。精加工均运用"固定轮廓铣",在"固定轮廓铣"对话框中,设置"指定部件"为金元宝模型,"驱动方法"为"区域铣削"。下面只对第4道工序(精加工上部曲面)进行详细介绍,其他工序相关参数设置见表3-3。

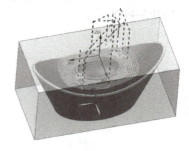

图 3-46　型腔铣二次粗加工刀轨

表 3-3　金元宝精加工工序和加工参数

工序	刀具	切削区域参数	图示
精加工上部曲面	R2mm 球头铣刀	1)切削区域:上表面 2)非陡峭切削模式:同心往复 3)步距:0.2mm	
精加工圆角	R5mm 球头铣刀	1)切削区域:上表面 2)非陡峭切削模式:往复 3)步距:0.3mm	

1)创建工序。选择"创建工序" 命令,进行工序的创建。设置"类型"为"mill_contour","工序子类型"为"固定轮廓铣",其他参数设置如图3-47所示。

图 3-47　创建固定轮廓铣工序

2）设置加工参数。在"固定轮廓铣"对话框中，选择"指定部件"命令，在视图区选择金元宝模型，如图3-48所示。

图3-48　指定部件几何体

在"固定轮廓铣"对话框中，选择"指定切削区域"命令，在视图区选择金元宝模型上部曲面，如图3-49所示。

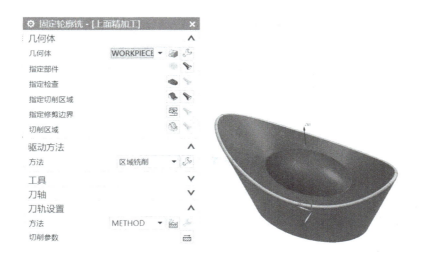

图3-49　指定切削区域

将"驱动方法"中的"方法"设置为"区域铣削"，选择"编辑"命令，进入"区域铣削驱动方法"对话框。设置"陡峭空间范围"中的"方法"为"无"，"驱动设置"中的"非陡峭切削模式"为"同心往复"，"步距"为"残余高度"，"最大距离"为"0.2"，单击"确定"按钮，如图3-50所示。

默认"刀轴"设置，"切削参数"设置如图3-51所示，主轴转速和进给量设置过程略。

3）生成刀轨和确认刀轨。选择"生成"命令，生成刀轨；选择"确认"命令，进入动态仿真界面；选择"播放"命令，开始仿真；仿真结束检查刀轨无误后，单击"确定"按钮，回到"固定轮廓铣"对话框，再次单击"确定"按钮，完成上曲面精加工，如图3-52所示。

图 3-50　设置区域铣削参数

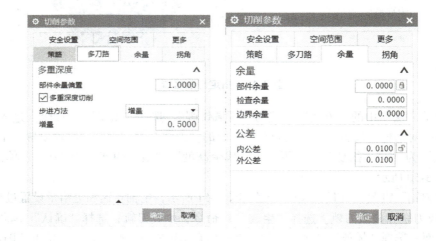

图 3-51　切削参数

4. 金元宝 3+2 轴精加工

1）创建工序。选择"创建工序"命令，设置"类型"为"mill_multi-axis"，"工序子类型"为"可变轮廓铣"，其余参数设置如图 3-53 所示。

图 3-52　精加工上部曲面刀轨　　　　　图 3-53　创建可变轮廓铣工序

2）设置加工参数。在"可变轮廓铣"对话框中，选择"指定部件"命令，在视图区选择金元宝模型，如图 3-54a 所示。

在"可变轮廓铣"对话框中，选择"指定切削区域"命令，在视图区选择金元宝模型上部曲面，如图 3-54b 所示。

图 3-54　指定部件和切削区域

设置"驱动方法"中的"方法"为"流线"，如图 3-55 所示，其他参数默认设置；设置"刀轴"为"远离点"，单击"对话框"按钮，然后选择（0，0，0）；单击"确定"按钮后，选择"生成"命令，生成刀轨。

3）生成刀轨和确认刀轨。选择"生成"命令，生成刀轨；选择"确认"命令，进入动态仿真界面；选择"播放"命令，开始仿真；仿真结束检查刀轨无误后，单击"确定"按钮回到"可变轮廓铣"界面，再次单击"确定"按钮，完成型腔精加工，如图 3-56 所示。

图 3-55 设置流线驱动参数

图 3-56 精加工侧面曲面刀轨

六、程序后处理

选择需要后处理的加工程序,单击鼠标右键,选择快捷菜单中的"后处理"命令,选择安装好的后处理器;单击"阅览以查找输出文件"按钮,选择后处理文件的保存位置;在"文件扩展名"文本框中输入后处理后文件的格式,单击"确定"按钮即可完成后处理。

七、总结

1)毛坯的建立要合理,刀具刀柄的建立要合理,防止发生碰撞。切削参数要根据实际加工情况而定,不可一概而论,程序创建完毕要检查是否过切。

2)一般精度较高零件需增加二次粗加工,半精加工等工序。

3)后处理文件要与机床匹配,使用不同的机床要对应不同的后处理文件。

4)步距所给值根据加工表面的要求以及粗加工和精加工程序而改变,一般加工表面的质量要求越高、步距值越小。

任务三　叶轮加工

叶轮是常见的机械零件,其结构一般包括轮毂、叶片和分流叶片等。由于其结构的类似性,UG 软件设计了专门的工序类型"MILL_MULTI_BLADE"。图 3-57 所示为企业加工叶轮的三维模型及其实际加工过程中的实物图。

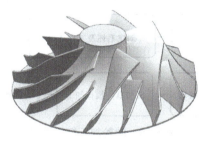

视频 3-03

图 3-57　叶轮三维模型及其加工过程中的实物图

一、叶轮加工工艺

叶轮是经典的复杂曲面零件，采用传统 3 轴加工方法难以达到加工要求，且叶轮表面质量要求较高，故采用 5 轴机床进行加工。图 3-58 所示为叶轮三维模型及其毛坯，叶轮的毛坯为直径 100mm，高 45mm 的圆棒料。本实例为加工演示用途，故毛坯材质为铝；刀具为硬质合金；夹具为自定心卡盘，装夹毛坯 10mm 处。

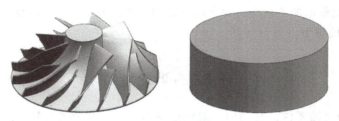

图 3-58　叶轮的三维模型及其毛坯

根据实体模型及其加工工艺可以确定其加工编程思路，如图 3-59 所示。

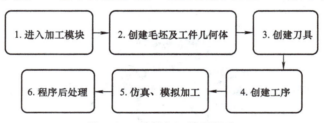

图 3-59　叶轮加工编程思路

二、进入加工模块

打开"叶轮_model.prt"文件，选择"应用模块"中的"加工"命令，进入加工模块。在弹出的"加工环境"对话框中设置"CAM 会话配置"为"cam_gengeral"，"要创建的 CAM 组装"为"mill_multi_blade"，如图 3-60 所示。

图 3-60　"加工环境"对话框

三、加工准备

（1）创建几何体

打开"工序导航器－几何"，双击"MCS" ，选择叶轮上表面，再选择"动态"命令，旋转 MCS 坐标轴，使其与 WCS 相同方向；"安全设置"中的"指定平面"选择叶轮上表面，安全距离输入"10"，其余参数默认设置，单击"确定"按钮，如图 3-61 所示。

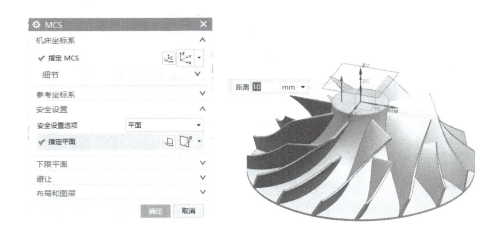

图 3-61 坐标系参数设置

单击"MCS" 工具前的"+"按钮，再双击"WORKPIECE"，弹出"工件"对话框。在视图区选择叶轮模型为"指定部件"，选择叶轮的包覆面为"指定毛坯"，单击"确定"按钮，如图 3-62 所示。

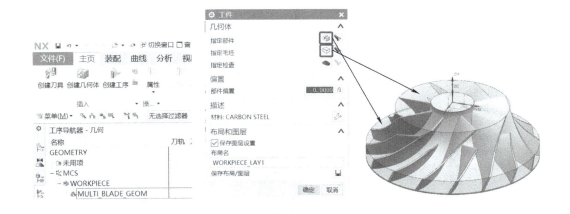

图 3-62 选择部件

双击"工序导航器－几何"中的"MULTI_BLADE_GEOM"，弹出"多叶片几何体"对话框。设置"旋转轴"为"+ZM"，轮毂、包覆、叶片、分流叶片的选择如图 3-63 所示。"叶片总数"为"8"。

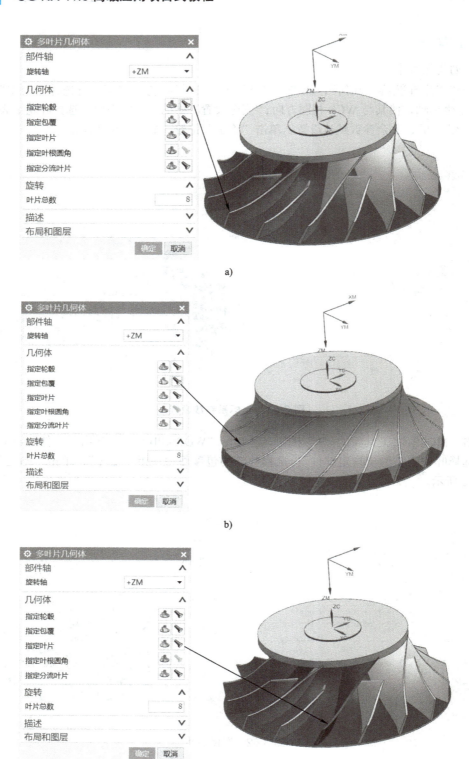

图 3-63 设置多叶片几何体

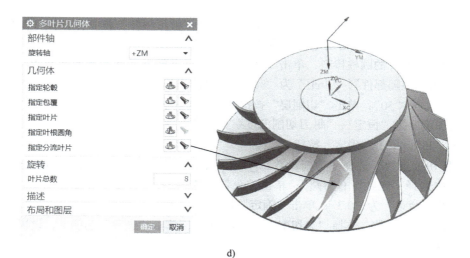

d)

图 3-63 设置多叶片几何体（续）

（2）创建刀具　叶轮加工所需刀具及其参数见表 3-4。

表 3-4　叶轮加工刀具及其参数

刀具号	名称	刀具类型	作用	刀具参数
1	D12	MILL	铣削上表面和型腔粗加工	直径 12mm，下圆角半径 0，长度 30mm，刃长 10mm
2	D8R4	BALL_MILL	半精加工	球头直径 8mm，长度 35mm，刃长 20mm
3	R2	BALL_MILL	精加工	球头直径 2mm，长度 30mm，刃长 10mm

创建刀具过程略，需要注意多轴加工时需要考虑刀柄和夹持器对加工的影响，设置夹持器的方法如下：单击"夹持器"选项卡，输入"下直径"为"43"，"长度"为"22"，"上直径"为"43"；单击 按钮，输入"下直径"为"39.6"，"长度"为"59"，"上直径"为"39.6"；再次单击 按钮，输入"下直径"为"50"，"长度"为"15.9"，"上直径"为"50"，如图 3-64 所示。设置刀柄的方法与设置夹持器的方法类似，不再赘述，实际加工时需要严格按照实际刀柄和夹持器的情况输入相关参数，否则可能会发生刀柄和夹持器的干涉现象。

四、创建工序

1. 粗加工工序

1）创建工序。选择"创建工序" 命令。设置"类型"为"mill_contour"，"工序子类型"为"型腔铣" ，"刀具"为"D12（铣刀 – 5 参数）"，"几何体"为"MCS"，"方法"为"METHOD"，如图 3-65 所示。

图 3-64　刀具夹持器参数设置

2)设置加工参数。进入"型腔铣"对话框,选择"指定部件"命令,选择叶轮及包覆,单击"确定"按钮;选择"指定毛坯"命令,选择之前拉伸好的 φ100×45mm 的圆柱棒料,单击"确定"按钮;设置"切削模式"为"跟随部件","步距"为"%刀具平直","平面直径百分比"为"50";单击"切削层"按钮,设置"公共每刀切削深度"为"恒定","每刀切削深度"为"1","范围深度"为"33",单击"确定"按钮。

图 3-65 创建型腔铣工序

3)设置切削参数。选择"切削参数"命令,在"拐角"选项卡中选择"光顺所有刀路";单击"余量"选项卡,设置"部件侧面余量"为"0.3",单击"确定"按钮。

4)设置非切削参数。选择"非切削参数"命令,单击"进刀"选项卡,设置"斜坡角"为"3","高度"为"0.5",单击"确定"按钮。

5)设置进给率和转速。选择"进给率和转速"命令,设置"主轴速度"为"7000","切削"为"3000",选择"计算器"命令,单击"确定"按钮。选择"生成"命令,再单击"确定"按钮,如图 3-66 所示。

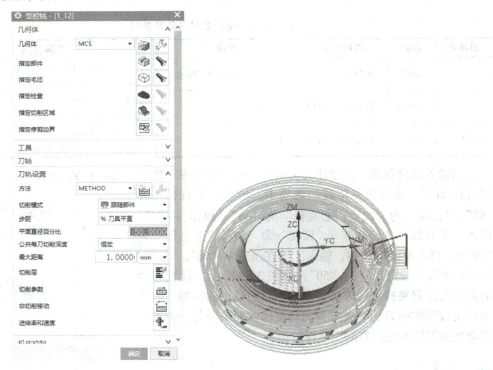

图 3-66 "型腔铣"对话框及生成的刀轨

2. 精加工外轮廓

1)创建工序。选择"创建工序"命令,设置"类型"为"mill_contour","工序子类型"为"型腔铣","刀具"为"D8R4(铣刀-球头铣)","几何体"为"MCS","方法"为"MILL_FINISH",如图 3-67 所示。

2)设置加工参数。进入"型腔铣"对话框,选择"指定部件"命令,选择叶轮及包覆,单击"确定"按钮;选择"指定切削区域"命令,选择包覆圆弧面,单击"确定"按钮;设置"切削模式"为"轮廓","步距"为"% 刀具平直","平面直径百分比"为"50";选择"切削层"命令,设置"公共每刀切削深度"为"恒定","最大距离"为"0.3","ZC"为"-2.5",单击"确定"按钮。

图 3-67 创建型腔铣工序

3)设置切削参数。选择"切削参数"命令,单击"余量"选项卡,设置"余量"选项组中所有参数为"0","内公差""外公差"均为"0.01",单击"确定"按钮。

4)设置非切削参数。选择"非切削参数"命令,单击"进刀"选项卡,设置"斜坡角"为"3","高度"为"0.5","开放区域"中的"进刀类型"为"圆弧",单击"确定"按钮。

5)设置进给率和转速。选择"进给率和转速"命令,设置"主轴速度"为"8000","切削"为"4000",选择"计算器"命令,单击"确定"按钮。选择"生成"命令,单击"确定"按钮;完成创建包覆加工程序,如图 3-68 所示。

图 3-68 程序参数设置及生成刀轨

3. 叶轮粗加工

1）创建工序。选择"创建工序"命令，设置"类型"为"mill_multi_blade"，"工序子类型"为"多叶片粗加工"，"刀具"为"D4R2（铣刀-球头铣）"，几何体"为"MULTI_BLADE_GEOM"，"名称"为"叶片粗加工"，"方法"为"MILL_ROUGH"，如图3-69所示。

2）设置加工参数。进入"多叶片粗加工"对话框，选择"叶片粗加工"命令，设置"叶片边"为"沿叶片方向"，"切向延伸"与"径向延伸"均设置为"3mm"；选择"指定起始位置"命令，选择大叶片的左下角，单击"确定"按钮；再次单击"确定"按钮，选择"切削层"命令，设置"深度模式"为"从包覆插补至轮毂"，"每刀切削深度"为"恒定"，"距离"为"1mm"，单击"确定"按钮，如图3-70所示。

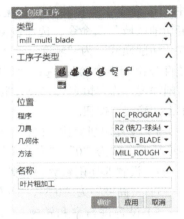

图3-69 创建多叶片粗铣工序

图3-70 设置叶片粗加工参数及切削层参数

3）设置切削参数。选择"切削参数"命令，单击"余量"选项卡，设置"叶片余量"与"轮毂余量"为"0.2"，"检查余量"为"1"，其余为"0"，单击"确定"按钮。

4）设置非切削移动参数。选择"非切削移动"命令，设置"进刀类型"为"圆弧"；单击"避让"选项卡，设置"起点"与"返回点"为同一安全点（40,40,20）;单击"转移/快速"选项卡，设置"安全设置选项"为"包容圆柱体"，"逼近方法"与"离开方法"均为"无"，单击"确定"按钮，如图3-71所示。

5）设置进给率和转速。选择"进给率和转速"命令，设置"主轴速度"为"8000"，"切削"为"3000"，选择"计算器"命令，单击"确定"按钮；选择"生成"命令，生成粗加工叶轮刀轨，单击"确定"按钮。

项目三 企业产品实战

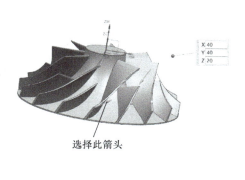

选择此箭头

图 3-71 设置非切削移动参数

6）变换工序。选择刚创建好的程序"3-R2"；单击鼠标右键，选择"对象"→"变换"命令，设置"类型"为"绕点旋转"，"指定枢轴点"为圆心，"角度"为"45"，单击"复制"单选按钮，"非关联副本数"为"7"，单击"确定"按钮；完成创建叶片粗加工程序，如图 3-72 所示。

4. 叶片精加工

1）创建工序。选择"创建工序"命令，设置"类型"为"mill_multi_blade"，"工序子类型"为"叶片精铣"，"刀具"为"R2（铣刀－球头铣）"，"几何体"为"MULTI_BLADE_GEOM"，"方法"为"MILL_FINSH"，"名称"为"叶片精加工"，单击"确定"按钮，如图 3-73 所示。

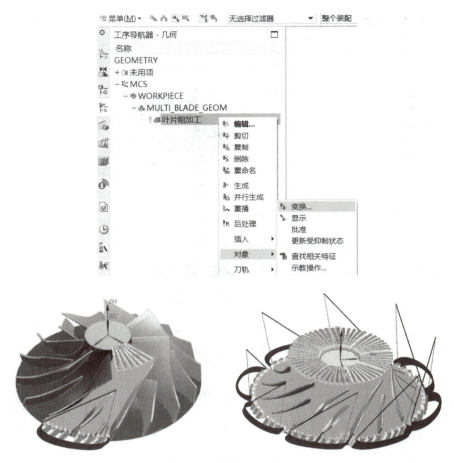

图 3-72　变换加工程序

图 3-73　创建叶片精铣工序

2)设置加工参数。进入"叶片精加工"对话框后,选择"切削层"命令,设置"深度模式"为"从包覆插补至轮毂","每刀切削深度"为"恒定","距离"为"0.15mm",单击"确定"按钮;选择"切削参数"命令,单击"余量"选项卡,设置"叶片余量"与"轮毂余量"分别为"0""0.2",单击"确定"按钮;选择"非切削移动"命令,"进刀"选择"光顺"进刀,单击"避让"选项卡,设置"起点"与"返回点"为同一安全点(20,40,30),"安全设置选项"为"包容圆柱体","逼近方法"与"离开方法"均为"无",单击"确定"按钮,如图3-74所示。

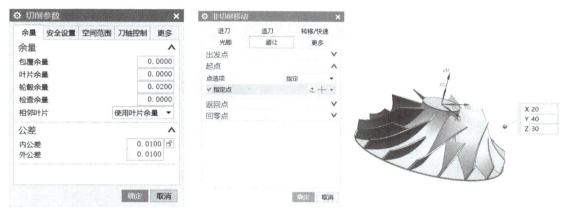

图 3-74　设置切削参数和非切削移动参数

3)设置进给率和转速并变换工序。选择"进给率和转速"命令,设置"主轴速度"为"10000","切削"为"1500"选择"计算器"命令,单击"确定"按钮;选择"生成"命令,生成叶片精加工刀轨,单击"确定"按钮;单击鼠标右键,选择"变换"命令,操作过程参考叶片粗加工程序的变换,最终生成刀轨如图3-75所示。

5. 精加工轮毂

1)创建工序。选择"创建工序"命令,设置"类型"为"mill_multi_blade","工序子类型"为"轮毂精加工","刀具"为"D4R2(铣刀-球头铣)","几何体"为"MULTI_BLADE_GEOM","方法"为"MILL_FINSH","名称"为"轮毂精加工",如图3-76所示。

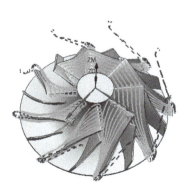

图 3-75　叶片精加工刀轨

图 3-76　创建轮毂精加工工序

2)设置驱动方法参数。进入"轮毂精加工"对话框后,选择"轮毂精加工驱动方法"

命令,设置"叶片边"为"沿叶片方向","切向延伸"为刀具的100%;选择"指定起始位置"命令,选择大叶片的左下角;设置"切削模式"为"往复上升","方向"为"混合","步距"为刀具平直的20%,如图3-77所示。

图3-77 设置轮毂精加工驱动方法参数

3)设置切削和非切削参数。选择"切削参数"命令,"内公差""外公差"均为"0.01";选择"非切削移动"命令进刀选择圆弧进刀,单击"避让"选项卡,设置"起点"与"返回点"均为同一安全点(20, 50, 30),"公共安全设置选项"为"包容圆柱体","区域内"选项组中的"逼近方法"与"离开方法"均为"无"。

4)设置进给率和转速并变换工序。选择"进给率和转速"命令,设置"主轴速度"为"10000","切削"为"2000",选择"计算器"命令,单击"确定"按钮,选择"生成"命令,生成轮毂精加工刀轨;单击"确定"按钮;选择该加工程序,单击鼠标右键,选择"变换"命令,参考叶片粗加工程序变换过程,最终生成刀轨如图3-78所示。

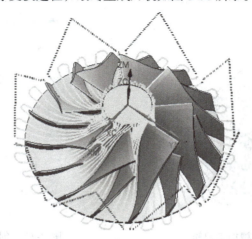

图3-78 轮毂精加工刀轨

五、后处理

根据加工顺序的先后，依次对加工程序进行后处理及命名。首先，后处理粗加工程序，单击选择要后处理的程序，然后单击鼠标右键，选择"后处理"命令，在"后处理器"列表中选择与实际加工机床相对应的后处理文件；"文件拓展名"设置为合适的输出文件格式，选择"浏览以查找输出文件" 命令，设置输出文件位置及文件名字，单击"确定"按钮完成后处理，如图 3-79 所示。

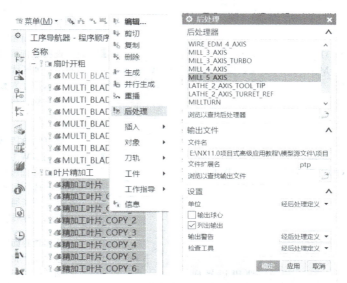

图 3-79 进行加工程序后处理

附 录

附录 A UG NX 11.0 平面铣数控加工方法中英文对照及作用

序号	图标	英文	中文	图示和作用
1		FLOOR_WALL（FACE_MILLING_AREA）	底壁加工（表面区域铣削）	**底壁加工** 切削底面和壁 选择底面或壁几何体。要移除的材料由切削区域底面和毛坯厚度确定 建议用于对棱柱部件上平的面进行基础面铣。该工序替换之前发行版中的 FACE_MILLING_AREA 工序
2		FLOOR_WALL_IPW	带 IPW 的底壁加工	**带 IPW 的底壁加工** 使用 IPW 切削底面和壁 选择底面或壁几何体。要移除的材料由所选几何体和 IPW 确定 建议用于通过 IPW 跟踪未切削材料时铣削 2.5D 棱柱部件
3		FACE_MILLING	使用边界面铣削（面铣）	**使用边界面铣削** 垂直于平面边界定义区域内的固定刀轴进行切削 选择面、曲线或点来定义与要切削层的刀轴垂直的平面边界 建议用于线框模型
4		FACE_MILLING_MANUAL	手工面铣削（表面手动铣削）	**手工面铣削** 切削垂直于固定刀轴的平的面的同时允许向每个包含手工切削模式的切削区域指派不同切削模式 选择部件上的面以定义切削区域。还可能要定义壁几何体 建议用于具有各种形状和大小区域的部件，这些部件需要对模式或者每个区域中不同切削模式进行完整的手工控制
5		PLANAR_MILL	平面铣	**平面铣** 移除垂直于固定刀轴的平面切削层中的材料 定义平行于底面的部件边界。部件边界确定关键切削层。选择毛坯边界 选择底面来定义底部切削层 建议通常用于粗加工带直壁的棱柱部件上的大量材料

（续）

序号	图标	英文	中文	图示和作用
6		PLANAR_PRO-FILE	平面轮廓铣	**平面轮廓铣** 使用"轮廓"切削模式来生成单刀路和沿部件边界描绘轮廓的多层平面刀路 定义平行于底面的部件边界。选择底面以定义底部切削层。可以使用带跟踪点的用户定义铣刀
7		CLEANUP_CORNERS	清理拐角	**清理拐角** 使用2D处理中工件来移除完成之前工序后所遗留材料 部件和毛坯边界定义于MILL_BND父级。2D IPW定义切削区域。请选择底面来定义底部切削层 建议用于移除在之前工序中使用较大直径刀具后遗留在拐角的材料
8		FINISH_WALLS	精加工壁	**精加工壁** 使用"轮廓"切削模式来精加工壁，同时留出底面上的余量 定义平行于底面的部件边界。选择底面来定义底部切削层。根据需要定义毛坯边界。根据需要编辑最终底面余量 建议用于精加工直壁，同时留出余量以防止刀具与底面接触
9		FINISH_FLOOR	精加工底面	**精加工底面** 使用"跟随部件"切削模式来精加工底面，同时留出壁上的余量 定义平行于底面的部件边界。选择底面来定义底部切削层。定义毛坯边界。根据需要编辑部件余量 建议用于精加工底面，同时留出余量以防止刀具与壁接触
10		GROOVE_MILL-ING	槽铣削	**槽铣削** 使用T形刀切削单个线性槽 指定部件和毛坯几何体；通过选择单个平的面来指定槽几何体；切削区域可由处理中工件确定 建议在需要使用T形刀对线性槽进行粗加工和精加工时使用
11		HOLE_MILLING	孔铣	**孔铣** 使用平面螺旋或螺旋切削模式来加工盲孔和通孔 选择孔几何体或使用已识别的孔特征；处理中特征的体积确定待除料量 推荐用于加工太大而无法钻削的孔

（续）

序号	图标	英文	中文	图示和作用
12		THREAD_MILLING	螺纹铣	**螺纹铣** 加工孔内螺纹 　螺纹参数和几何体信息可以从几何体、螺纹特征或刀具派生，也可以明确指定；刀具的牙型和螺距必须匹配工序中指定的牙型和螺距；选择孔几何体或使用已识别的孔特征 　推荐用于切削太大而无法攻螺纹的螺纹
13		PLANAR_TEXT	平面文本	**平面文本** 生成平面上的机床文本 　将制图文本选做几何体来定义刀路；选择底面来定义要加工的面；编辑文本深度来确定切削的深度；文本将投射到沿固定刀轴的面上 　建议用于加工简单文本，如标识号
14		MILL_CONTROL	铣削控制	**铣削控制** 仅包含机床控制用户定义事件 生成后处理命令并将信息直接提供给后处理器 　建议用于加工功能，如开关切削液以及显示操作员消息
15		MILL_USER	用户自定义的铣削	**用户自定义的铣削** 需要定制 NX Open 程序以生成刀路的特殊工序

附录 B　UG NX 11.0 轮廓铣（MILL_CONTOUR）数控加工方法中英文对照及作用

序号	图标	英文	中文	图示和作用
1		CAVITY_MILL	型腔铣	**型腔铣** 　通过移除垂直于固定刀轴的平面切削层中的材料对轮廓形状进行粗加工 　必须定义部件和毛坯几何体 　建议用于移除模具型腔与型芯、凹模、铸造件和锻造件上的大量材料
2		PLUNGE_MILLING	插铣加工	**插铣加工** 　通过沿连续插削运动中刀轴切削来粗加工轮廓形状 　部件和毛坯几何体的定义方式与在型腔铣中相同 　建议用于对需要较长刀具和增强刚度的深层区域中的大量材料进行有效地粗加工

（续）

序号	图标	英文	中文	图示和作用
3		CORNER_ROUGH	拐角粗加工	**拐角粗加工** 通过型腔铣来对之前刀具处理不到的拐角中的遗留材料进行粗加工 必须定义部件和毛坯几何体。将在之前粗加工工序中使用的刀具指定为"参考刀具"以确定切削区域 建议用于粗加工由于之前刀具直径和拐角半径的原因而处理不到的材料
4		REST_MILLING	剩余铣	**剩余铣** 使用型腔铣来移除之前工序所遗留下的材料 部件和毛坯几何体必须定义于 WORKPIECE 父级对象。切削区域由基于层的 IPW 定义 建议用于粗加工由于部件余量、刀具大小或切削层而导致被之前工序遗留的材料
5		ZLEVEL_PRO-FILE	深度轮廓加工（等高轮廓铣削）	**深度轮廓加工** 使用垂直于刀轴的平面切削对指定层的壁进行轮廓加工；还可以清理各层之间缝隙中遗留的材料 指定部件几何体；指定切削区域以确定要进行轮廓加工的面；指定切削层来确定轮廓加工刀路之间的距离 建议用于半精加工和精加工轮廓形状，如注射模、凹模、铸造和锻造
6		ZLEVEL_COR-NER	深度加工拐角	**深度加工拐角** 使用轮廓切削模式精加工指定层中前一个刀具无法触及的拐角 必须定义部件几何体和参考刀具；指定切削层以确定轮廓加工刀路之间的距离；指定切削区域来确定要进行轮廓加工的面 建议用于移除前一个刀具由于其直径和拐角半径的原因而无法触及的材料

（续）

序号	图标	英文	中文	图示和作用
7 		FIXED_CON-TOUR	固定轮廓铣	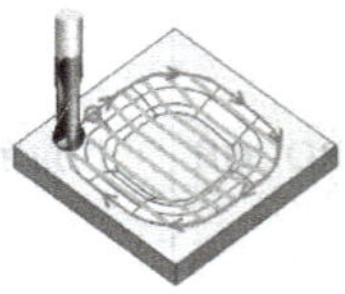 **固定轮廓铣** 用于对具有各种驱动方法、空间范围和切削模式的部件或切削区域进行轮廓铣的基础固定轴曲面轮廓铣工序 根据需要指定部件几何体和切削区域；选择并编辑驱动方法来指定驱动几何体和切削模式 建议通常用于精加工轮廓形状
8		CONTOUR_AREA	区域轮廓铣	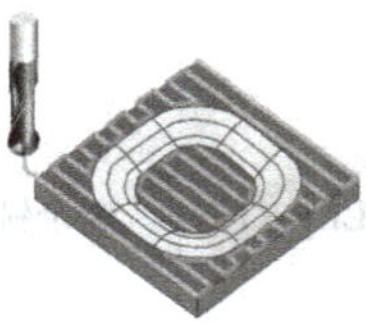 **区域轮廓铣** 使用区域铣削驱动方法来加工切削区域中面的固定轴曲面轮廓铣工序 指定部件几何体；选择面以指定切削区域；编辑驱动方法以指定切削模式 建议用于精加工特定区域
9 		CONTOUR_SUR-FACE_AREA	曲面区域轮廓铣	 **曲面区域轮廓铣** 使用曲面区域驱动方法对选定面定义的驱动几何体进行精加工的固定轴曲面轮廓铣工序 指定部件几何体；编辑驱动方法以指定切削模式，并在矩形栅格中按行选择面以定义驱动几何体 建议用于精加工包含顺序整齐的驱动曲面矩形栅格的单个区域
10		STREAMLINE	流线	 **流线** 使用流动曲线和交叉曲线来引导切削模式并遵照驱动几何体形状的固定轴曲面轮廓铣工序 指定部件几何体和切削区域；编辑驱动方法来选择一组流动曲线和交叉曲线以引导和包含路径；指定切削模式 建议用于精加工复杂形状，尤其是要控制光顺切削模式的流动曲线和方向

（续）

序号	图标	英文	中文	图示和作用
11		CONTOUR_AREA_NON_STEEP	非陡峭区域轮廓铣	**非陡峭区域轮廓铣** 使用区域铣削驱动方法来切削陡峭度大于特定陡峭壁角度的区域的固定轴曲面轮廓铣工序 指定部件几何体；选择面以指定切削区域；编辑驱动方法以指定陡峭壁角度和切削模式 与 ZLEVEL_PROFILE 一起使用，以精加工具有不同策略的陡峭和非陡峭区域；切削区域将基于陡峭壁角度在两个工序间划分
12		CONTOUR_AREA_STEEP	陡峭区域轮廓铣	**陡峭区域轮廓铣** 使用区域铣削驱动方法来切削陡峭度大于特定陡峭壁角度的区域的固定轴曲面轮廓铣工序； 指定部件几何体；选择面以指定切削区域；编辑驱动方法以指定陡峭壁角度和切削模式 在 CONTOUR_AREA 后使用，以通过将陡峭区域中往复切削进行十字交叉来减少残余高度
13		FLOWCUT_SINGLE	单刀路清根	**单刀路清根** 通过清根驱动方法使用单刀路精加工或修整拐角和凹部的固定轴曲面轮廓铣 指定部件几何体；根据需要指定切削区域 建议用于移除精加工前拐角处的余料
14		FLOWCUT_MULITIPLE	多刀路清根	**多刀路清根** 通过清根驱动方法使用多刀路精加工或修整拐角和凹部的固定轴曲面轮廓铣 指定部件几何体；根据需要指定切削区域和切削模式 建议用于移除精加工前后拐角处的余料

（续）

序号	图标	英文	中文	图示和作用
15		FLOWCUT_REF_TOOL	清根参考刀具	**清根参考刀具** 使用清根驱动方法在指定参考刀具确定的切削区域中创建多刀路 • 指定部件几何体。根据需要选择面以指定切削区域。编辑驱动方法以指定切削模式和参考刀具 • 建议用于移除由于之前刀具直径和拐角半径的原因而处理不到的拐角中的材料
16		SOLID_PROFILE_3D	实体轮廓 3D	**实体轮廓 3D** 沿着选定直壁的轮廓边描绘轮廓 • 指定部件和壁几何体 • 建议用于精加工需要以下 3D 轮廓边（如在修边模上发现的）的直壁
17		PROFILE_3D	轮廓 3D	**轮廓 3D** 使用部件边界描绘 3D 边或曲线的轮廓 • 选择 3D 边以指定平面上的部件边界 • 建议用于线框模型
18		CONTOUR_TEXT	轮廓文本	**轮廓文本** 加工轮廓曲面上的机床文本 • 指定部件几何体；选择制图文本作为定义刀路的几何体；编辑文本深度来确定切削深度；文本将投影到沿固定刀轴的部件上 • 建议用于加工简单文本，如标识号
19		MILL_CONTROL	铣床控制	**铣床控制** 仅包含机床控制用户定义事件 • 生成后处理命令并将信息直接提供给后处理器 • 建议用于加工功能，如开关切削液以及显示操作员消息
20		MILL_USER	用户自定义的铣削	**用户自定义的铣削** 需要定制 NX Open 程序以生成刀路的特殊工序

参考文献

[1] 展迪优. NX8.0 快速入门教程 [M]. 北京：机械工业出版社，2016.

[2] 石皋莲. NX10.0 多轴数控编程典型案例教程 [M]. 北京：高等教育出版社，2018.

[3] 戴国洪. SIEMENS NX6.0(中文版) 数控加工技术 [M]. 北京：机械工业出版社，2007.

[4] 高永祥. 零件三维建模与制造：UG NX 逆向造型——数控加工 [M]. 北京：机械工业出版社，2014.

[5] 周建安. UG NX 12.0 边学边练实例教程 [M]. 北京：人民邮电出版社，2020.